中外社区灾害应急管理丛书

中国政法大学危机管理研究中心

丛书主编　李程伟

中国社区灾害应急管理

ZHONGGUOSHEQU

ZAIHAI YINGJI GUANLI

胡铁俊　等著

中国社会出版社

国家一级出版社　全国百佳图书出版单位

图书在版编目（CIP）数据

中国社区灾害应急管理 / 胡铁俊等著. —北京：中国社会出版社，2014.5
（中外社区灾害应急管理丛书 / 李程伟主编）
ISBN 978-7-5087-4733-0

Ⅰ. ①中… Ⅱ. ①胡… Ⅲ. ①社区—灾害管理—中国
Ⅳ. ①X4

中国版本图书馆 CIP 数据核字（2014）第 090266 号

丛 书 名：中外社区灾害应急管理丛书
书　　名：中国社区灾害应急管理
著　　者：胡铁俊　等著
策划编辑：王秀梅　杨春岩
责任编辑：杨春岩　陈贵红

出版发行：中国社会出版社　　　邮政编码：100032
通联方法：北京市西城区二龙路甲 33 号
编辑部：（010）66061704
邮购部：（010）66081078
销售部：（010）66080300　（010）66085300
传　真：（010）66051713　（010）66083600
（010）66080880　（010）66080880
网　　址：www.shcbs.com.cn
经　　销：各地新华书店

印刷装订：中国电影出版社印刷厂
开　　本：170mm×240mm　1/16
印　　张：10.5
字　　数：160 千字
版　　次：2014 年 6 月第 1 版
印　　次：2014 年 6 月第 1 次印刷
定　　价：18.00 元

总 序

李程伟

随着我国经济的不断发展和城市化进程的加快，广大城乡社区的面貌正在发生着深刻的变化。社区在社会建设和管理中的基础地位越来越重要，社区灾害与应急管理的变动性、复杂性和艰巨性越来越突出。鉴于我国社区建设起步较晚，广大城乡社区灾害应急管理的软硬件条件和基础相当薄弱，因此，尽快着手推进社区灾害应急管理能力建设，着力夯实全社会应急管理的基层基础，具有现实必要性和紧迫性。在这种情况下，中国政法大学危机管理研究中心与中国社会出版社密切合作，共同推出了这套中外社区灾害应急管理丛书。

应当说，人类生活的社区处于各类灾害直接冲击的前沿地带。加强社区灾害应急管理，增强社区抗击各类灾害的耐受力和可持续发展能力，历来为世界各个国家和地区所重视。其中，以美国、日本、欧洲和我国台湾地区为代表的社区灾害应急管理体系的建设，系统性强，机制有力，防救效能突出，典型案例较多，许多做法和经验值得我们学习和借鉴。这套丛书共计5本，分别对美国、英国、日本、台湾地区和中国大陆的社区灾害应急管理进行了介绍、分析和实证研究，内容涉及各自社区灾害应急管理的历史发展、制度体系、组织架构、运行机制、技术支撑、经验借鉴等内容，落脚点放在了对我国社区灾害应急管理的发展对策和参考借鉴方面。

从整体来看，这套丛书对社区灾害应急管理案例国家和地区的选择具有代表性，对其社区灾害应急管理内容的描述与分析比较系统完整，针对我国大陆所提出的对策建议具有一定的前瞻性和现实操作性。丛书对相关案例国家和地区之社区灾害应急管理自治章程、契约和社区防灾或风险文化的介绍分析，对包含政府部门、社区组织、企业、非政府组织、应急救援志愿者队伍、社区居民等在内的多元主体行动网络的实证研究，对社区风险管理流程和社区灾害应急管理参与机制及资源动员机制的描述和探讨，内容丰满，具体生动，给人留下了深刻的印象。

这套丛书是中国政法大学危机管理研究中心继2009年8卷本“公共危机管理研究丛书”之后，再次撰写的、在风险治理和应急管理领域具有一定新意的作品。它们立足于作者前期的相关研究，观点可靠，信息量大，可读性强，对于广大社区工作者、实务部门工作人员和相关领域的研究人员，具有重要的参考价值。这也再次说明，中国政法大学危机管理研究中心的研究人员面对转型期各类社会风险，是有学术担当的勇气和社会责任感的。这也是我们这个比较年轻和稚嫩的学术团队在风险治理与应急管理领域能够不断前进的宝贵动力。

愿这套丛书的出版能够对我国社区灾害管理与安全建设实践起到一定的推动作用！

目　录

第一章　社区灾害管理的历史发展

社区的概念最早是由德国社会学家滕尼斯提出来的，来源于德文的Gemeinschaft，英文相应的词汇为community。滕尼斯将社区理解为建立在所谓“本质的意志”基础上的一种“自然社会”。这种社会建立在一致的自然情感和文化意识的基础上，成员之间具有排他性的紧密的社会联系。滕尼斯所构想的社区概念实际上是一种生活共同体，包括地缘共同体、精神共同体和血缘共同体：地缘共同体以共同的居住区及对附近财产的共同所有权为基础，邻里、村庄、城镇等都属于这种社区；精神共同体只包含为了一个共同目标而进行的合作与协调行动，同地理区位没有关系，这种社区包括宗教团体和某种职业群体等；血缘共同体即由具有共同血缘关系的成员构成的社区①。

严格而又客观地说，中国古代没有“社区”一词。在中国，1933年，费孝通等燕京大学的一批青年学生，在翻译美国著名社会学家帕克的社会学论文时，第一次将英文词汇“community”译成了“社区”，后来成了中国社会学的通用术语。在此之前，“社区”也被译为“共同社会”、“地方共同社会”或“共同区域社会”等。费孝通认为，以全盘社会结构的格式作为研究对象，这对象必须是具体的社区，因为联系着社会的是人民的生活，人民的生活有时空的坐落，这就是社区②。

世界卫生组织于1974年界定了社区的定义：“社区是指一固定的地理区域范围内的社会团体，其成员有着共同的兴趣，彼此认识且互相来往，行使社会功能，创造社会规范，形成特有的价值体系和社会福利事业。每个成员均经由家

---

①［德］斐迪南·滕尼斯著，林荣远译：《共同体与社会》，北京：商务印书馆1999年版，第65页。

② 费孝通：《乡土中国》，北京：北京大学出版社1998年版，第91页。

庭、近邻、社区而融入更大的社区。”[①] 在中国古代和近代，救灾减灾工作往往是在较大的地域范围进行统筹，因此，在本章的第一节和第二节，中国古代和近代的社区被界定为由居住在县域范围内的人们组成的多种社会关系和社会群体，从事多种社会活动所构成的区域生活共同体。在本章的第三节，社区则沿用世界卫生组织所界定的定义，在中国，乡村社区是指行政村或自然村；城市社区是指街道办事处辖区或居委会辖区，以及目前一些城市新划分的社区委员会辖区。

第一节　中国古代的社区灾害管理

中国自古以来就是一个多灾之国，几千年来，频繁的自然灾害给古代中国社会带来了严重的后果，饥民载道，生灵涂炭，甚至引发严重的政治危机。中国历史上的政权更迭有很多是源于农民起义，而农民起义往往与灾荒有关。荒政正是伴随着灾荒的发生而产生的。所谓荒政是中国古代救济饥荒的法律、制度与政策、措施的统称[②]。它既是国家的一项基本社会职能，也是统治阶级维护自身统治地位的必要手段。

一、价值理念

在人们与自然灾害长期作斗争的过程中产生了许多救灾思想，归纳起来主要包括三个方面：天命主义禳弭论、消极救灾论和积极防御论。

（一）天命主义禳弭论

中国最原始的救灾思想产生于殷商时期，自商代盘庚迁殷之后，人类已经基本脱离了氏族社会，这时候在经济社会和政治生活中单一阶级的支配权已经确立起来。由于当时的生产力极其低下，人们对自然界不可能形成科学而完整的认知，对自然界的控制能力非常薄弱，认为自然界神圣不可侵犯。而在现实

① 金小红、陆汉文：《汶川灾后农村社区系统恢复重建的模式思考》，载于《公共管理高层论坛》2010 年第 2 期。

② 邵永忠：《20 世纪以来荒政史研究综述》，载于《中国史研究动态》，2004 年第 3 期。

生活中，人们受到单一阶级的统治，这个阶级的首领就是商朝的王。人们根据现实生活进行推断，由社会推及自然，认为在自然界中也必然存在主宰万物的王，这个王被称为“天帝”，是自然界的最高统治者。于是原始社会“万物有灵”的观念，就转变为崇拜最高主宰的天帝，一神教的观念也就产生[①]。这时人们对“天帝”推崇备至，自然灾害的发生、农业生产的歉收和人的生老病死都被认为是“天帝”的决定，一切灾难都是“天帝”对人类的惩罚。为了避免灾难的发生，人类就需要向“天帝”祷告，希望得到“天帝”的宽恕，“敬天”成为人们遇到灾难的第一反应，比如，遇到旱灾，人们便认为人类的过失激怒了龙王，这就要祈求龙王的宽恕，向龙王祈雨。

西周时期，天命主义禳弭论占据救灾思想的统治地位，在春秋战国时代，这种观念发生了剧烈的动摇，但是新兴的思想并没有从根本上冲破天命主义的范畴。自秦汉以后，由于阴阳五行说的出现，天命主义禳弭论非但没有衰落，反而更加复杂并具有迷惑性。历代天命主义的思想，在人们的意识领域中长期占统治地位，因此，秦汉以后，各种治荒救灾的思想，也还是处在天命主义思想的统驭之下[②]。天命主义禳弭论的结果是巫术盛行。数千年来，自殷商时代开始，在历朝历代史册中都有大量的巫术救灾的记载。殷商时代就有祭山川祈雨和以活人祭天祈雨的记载。到了西周时代，巫术救灾成为一种政府职能，在秦汉时期，则是皇帝颁布罪己诏和派使者祭祀的方式。三国时期，由于注重兴修水利，巫术救灾有所收敛。到两晋时，巫术救灾又有所发展[③]。在封建社会后期，随着人类科学知识水平的提高和救灾措施的完善，巫术救灾日渐衰落，并为人们所摈弃。

（二）消极救灾论

除了禳弭的思想外，历史上也存在切合实际的各种救荒思想，这些思想多是迫于残酷的社会现实和维护统治阶级地位的需要而产生。根据治荒救灾的内容，可将它们分为消极救灾论和积极防御论。属于消极救灾论的，还可区分为遇灾治标和灾后补救两种，遇灾治标包括赈济、调粟、养恤、除害四种，灾后

① 邓云特:《中国救荒史》，北京：商务印书馆 2011 年版，第 161 页。

② 同①，第 164 页。

③ 孙绍骋:《中国救灾制度研究》，北京：商务印书馆 2004 年版，第 41 页。

补救包括安辑、蠲缓、放贷、节约四种[①]。

1. 赈济思想。赈济的思想出现得很早，历代统治者为了维护其统治，巩固其政权，灾害发生后，官府开启仓廪，向灾民发放粮食，或者向灾民发放钱款和实物。《礼记·月令》中记载："天子布德行惠，命有司，发仓廪，赐贫穷，振乏绝，开府库，出币帛，周天下，勉诸侯，聘名士，礼贤者。"宋代董煟认为："赈济者，用义仓米施及老、幼、残疾、孤、贫等人。米不足，或散钱与之，即用库银籴豆、麦、菽、粟之类，亦可。"[②]

2. 调粟思想。当灾害发生后，统治者根据灾害的情况在各个地区之间调运粮食，调整粮食价格，或者将人们移民到粮食丰富的地区。《孟子·梁惠王》说："河内凶，则移其民于河东，移其粟于河内。河东凶亦然。"《汉书·食货志》记载了李悝的观点："籴甚贵伤民，甚贱伤农。民伤则离散，农伤则国贫"，"故虽遇饥馑水旱，籴不贵，而民不散，取有余，以补不足也。"

3. 养恤思想。历代救荒者都强调施粥、居养、赎子等的重要性。养恤思想秉持体恤民众的原则，在历代救荒思想中经久不衰。《程氏遗书》中记载了宋代程明道的观点："救饥者，日得一食则不死矣"，"择羸弱者作稀粥，早晚两给，勿使至饱，俟气稍完，然后一给，其力能自营一食者，皆不来矣。比之不择而与，当活数倍多也。"

4. 除害思想。提倡以人力消灭蝗虫，祛除疫病，这是不受天命支配的思想。中国最早的治蝗倡议者为前秦苻坚时的刘兰，而治蝗最得力者是唐代的姚崇，《唐书·姚崇传》说："讨蝗纵不能尽，不愈于养以遗患乎？"[③]明代的朱熊也说："夫天灾非一，有可以用力者，有不可以用力者。凡水与霜，非人力所能为，姑得任之。至于旱伤，则有车戽之利，蝗蝻，则有捕瘗之法。"

5. 安辑思想。《周礼·地官旅师》："凡新甿之治皆听之，使无征役。"新甿，就是新迁徙来的人，"甿"通"氓"，所以这句话的意思是对流亡的居民应免去其征役的负担。为了改变灾荒之后大批农民流离失所、农耕废弃严重的状况，产

---

① 邓云特：《中国救荒史》，北京：商务印书馆 2011 年版，第 166—185 页。

② 董煟：《救荒活民书》，转引自孙绍骋：《中国救灾制度研究》，北京：商务印书馆 2004 年版，第 42 页。

③ 孙绍骋：《中国救灾制度研究》，北京：商务印书馆 2004 年版，第 43 页。

生了给复、给田、赍送为主要内容的安辑办法。

6. 蠲缓思想。《周礼·大司徒》中记载了薄征、弛力、缓刑等蠲缓思想。宋代王觌认为："旱势如是，民食已绝，倒廪赡之，犹俱不克济，尚可责以赋耶？"中国古代税收主要依靠田地和赋税，税从田出，遇到灾荒，田地颗粒无收，自然就没有赋税，如果这时候要求灾民承担赋税，势必官逼民反。减免赋税，使黎民百姓休养生息，对国家和百姓裨益良多。

7. 放贷思想。灾荒发生后，农民非常贫困，不复省级，更无力耕作。这时候向农民贷以种子，就可以恢复生产，解决农民灾后遇到的重大困难。《宋史·刘敞传》中记载了刘敞的上疏："今岁颇旱，百姓艰食，已有流移……乞敕令诸州，仓廪量留三年军储外，贷与贫下百姓。"

8. 节约思想。灾荒饥馑之后，粮食不足，经济困窘，因此古代一直提倡节约物力、财力来度过灾荒。《孔子家语》说："夫人君遇灾，尚务抑损，况庶民乎！即民气稍苏，宜常念艰苦之时，爱惜物力。"节约不仅是一种灾后补救的思想，而且有崇尚简朴节俭的积极意义。

（三）积极防御论

在历代救荒思想中，积极的防御思想归纳起来有两种，一是改良社会条件的思想，二是改良自然条件的思想。改良社会条件的思想主要有重农思想和仓储思想，改良自然条件的思想主要有水利思想和林垦思想①。

1. 重农思想。中国古代一直是农业文明社会，历代统治者都非常重视农业生产，大力提倡农本主义。《管子·治国篇》说："夫富国多粟生于农。"又说："所谓兴利者，利农事也；所谓除害者，禁害农事也。"还说："民事农则田垦，田垦则粟多，粟多则国富。"

2. 仓储思想。在丰年时储藏多余的谷物，以备凶年缺粮时之用。《礼记·王制》记载："国无九年之蓄，曰不足；无六年之蓄，曰急；无三年之蓄，曰国非其国也。三年耕必有一年之食，九年耕必有三年之食，以三十年之通，虽有凶旱水溢，民无菜色。"墨子也认为："国无三年之食者，国非其国也。家无三年之食者，子非其子也。"

3. 水利思想。水灾和旱灾是中国古代发生最为频繁的自然灾害，水少则旱，

---

① 邓云特：《中国救荒史》，北京：商务印书馆2011年版，第202—210页。

水多则涝。水灾和旱灾固然是自然条件造成的，兴修水利，水旱之灾就能逐渐消除。《管子·立政》说："沟渎遂与隘，障水安其藏。"《荀子·王制》也说："修堤梁，通沟浍，行水潦，安水臧，以时决塞。岁虽凶败水旱，使民有所耕耘艾，司空之事也。"

4. 林垦思想。森林的多寡与水量的调节有很大关系，它能够影响水灾和旱灾的发生，植树造林可以防止水患。管子说："十年之计在于树木，为国者当谨山泽之守。"《宋史·太祖本纪》记载："开宝中，诏缘黄河、汴河、清河、御河州县，准旧制艺桑枣外，别课民树榆柳，为河防。"

二、基本内容

中国古代把国家有关救济灾荒的法令、制度和政策措施统称为荒政，与中国古代的救灾思想相对应，中国古代的救灾内容也分为消极的救灾措施和积极的救灾措施，消极的救灾措施包括赈济、调粟、养恤、除害、安辑、蠲缓、放贷、节约八种，积极的救灾措施包括兴修水利、重农贵粟、扩大仓储三种。

（一）消极的救灾措施

1. 赈济。赈济是为了帮助灾民渡过眼前难关而无偿发放粮食、钱款和实物的救灾措施。就赈济形式而言，有谷赈、银赈、粥赈、工赈、布帛赈、医药赈等[①]。谷赈是最直接和最广泛的救济方式，使灾民有果腹之食。银赈，是发放银钱救济款来救济贫民。也有同时发放粮食、银钱和布帛的，一般都是在储粮不够时兼赈。粥赈即向灾民施粥，历朝历代都行此法。工赈，是指官府利用赈济的钱粮兴办兴修水利、修葺城池等公共工程，让灾民参与劳作，从而获得相应的钱粮。

2. 调粟。中国历史上有移粟就民、移民就粟、平籴三种调粟的方式。移粟就民是指从外地调运粮食支援灾区。移民就粟是向粮食丰富的地区移民。如果居民能够迁移，就让他们迁移到丰收的地方去；如果居民不便迁移，而谷物方便移动，则将谷物运送到灾区。平籴是指通过行政手段平抑粮价的救灾措施。平籴可以防止在荒年粮价上涨，饥民因买不起粮食而饿殍遍野。

① 郝治清：《中国古代自然灾害与对策研究》，载郝治清主编：《中国古代灾害史研究》，北京：中国社会科学出版社 2007 年版，第 32 页。

3. 养恤。养恤是指对灾民进行供养和临时养护的救灾措施。中国历史上的养恤方法包括煮粥、施药治病、居养、赎子等。施粥是历朝历代非常普遍的救济措施。在疾病盛行的地区，政府供给医药。居养是对灾民进行临时收容养护的措施，历史上曾设立居养院、安济院、福田院等机构。居养制度一直延续到民国时期。赎子是由官府出资为灾民赎回因饥荒被迫卖掉的子女，使亲人团聚。这一办法在商汤时代就已有过①。

4. 除害。中国古代的除害主要是指消灭蝗虫、防止疫病。历朝历代都设有专门官员来消灭蝗虫。防止疫病从最初盛行的巫术发展而来，而后逐渐注重医治疾病和公共防疫。

5. 安辑。安辑是历代政府为了防止灾民外流而实施的救灾措施。安辑方法主要包括给复、给田、赍送。给复就是通过减赋、复赋的利益，诱导流民还乡复业的办法②。给复在汉代就有施行。给田是指给流民以闲田，并免除其租税，使其不再流离失所。赍送是指通过政府的力量将流徙的灾民遣回原籍的方法。

6. 蠲缓。蠲缓是免除的意思，蠲缓是一种灾后减免赋税、停征地租、宽刑罚的辅助救灾措施③。历代的蠲缓政策因其财政制度不同而略有不同，如周代的薄征、汉代的轻敛、魏晋的免租、南北朝的除赋、隋唐免租庸调、五代的除放、宋代的蠲租、元代的免税、明代的蠲税和清代的蠲免赋役等④。

7. 放贷。放贷是指灾荒过后为了恢复生产，将粮、钱借贷给灾民，一般无息或低息。借贷内容除了粮食、钱币外，还包括种子、耕牛、农具等。中国古代设立的常平仓、社仓等仓谷大多用于借贷救灾。

8. 节约。历代谈论救荒的人认为饥荒之所以严重，是平日奢靡浪费、使积蓄空虚的结果，因而提倡节约。在有限的范围内，节约的方法有减少食物、禁米酿酒和节约费用三种。

（二）积极的救灾措施

1. 兴修水利。水旱灾害是中国历史上最频繁的自然灾害，其影响范围也最

---

① 邓云特:《中国救荒史》，北京：商务印书馆 2011 年版，第 273 页。

② 同①，第 295 页。

③ 孙绍骋:《中国救灾制度研究》，北京：商务印书馆 2004 年版，第 45—46 页。

④ 同①，第 301—306 页。

广。早在战国时期，秦国为了发展农业生产，增强抗灾能力，十分重视水利工程。蜀守李冰在成都附近修建都江堰，使成都平原成为名副其实的粮仓。而后历朝历代都非常重视兴修水利工程，这些水利工程不仅增强了抗旱防洪的能力，而且大大促进了农业生产的发展。

2. 重农贵粟。中国古代社会经济基础在于农业，历朝统治者都主张以农为本，实行重农政策，鼓励农业生产。早在春秋战国时期，管仲、李悝、商鞅都认为农业是国家的财富源泉，是战争的物质基础。

3. 扩大仓储。仓储政策重在谷物的积蓄。汉代设“常平仓”，谷贱时增价收购，谷贵时低价出仓，以使谷价“常持其平”；隋唐以后设“义仓”或“社仓”，由政府课税或由富户义捐，官府派人管理，荒年赈济灾民；宋时州、县、乡皆设“常平仓”“惠民仓”“福田仓”等；清顺治初年政令在各省的府、州、县设“常平仓”，乡村设“社仓”[①]。历代各种仓储制度，虽然名称有所不同，但作用很多都是相同的。扩大仓储不仅是一种积极的救灾措施，在一些朝代也是固定的救灾制度。

三、主要特征

中国古代的救灾制度对经济的恢复和发展以及灾民生活的保障发挥了积极作用。政府在救灾减灾中占据主导地位，但提倡自救也是中国古代的救灾传统，士绅、宗族的等民间救灾力量减轻了政府的救灾压力。但是，中国古代的救灾工作大都局限于灾害发生之时，只求让灾民暂时渡过难关，很少致力于灾后的经济发展和防止灾害的再次发生。中国古代的救灾主要有以下几个特征。

一是属于救治范围内的灾害类型太少。对于这个观点的推断主要源于历史记载。在古代，见于记载的灾害往往是社会认可并进行补救和防御的灾害，而不见于记载的灾害常被认为不可抗拒，没有救灾防灾措施。邓云特曾对中国古代灾害进行过统计，凡是见于记载的各种灾害，不论其灾情轻重及灾区广狭，也不论其是否在同一行政区域内，都作了统计，见于记载的灾害主要有水灾、旱灾、地震、雹灾、风灾、蝗灾、疫灾、霜雪灾、饥灾等。水灾和旱灾最为常见，泥石流、滑坡等自然灾害则不见于记载，火灾也不被认为乡邑中主要的

---

① 孙绍骋:《中国救灾制度研究》，北京：商务印书馆 2004 年版，第 48 页。

灾害。

二是救灾的内容单一。中国古代的救灾举措主要是为了解决饥荒和疫病的问题。赈济、调粟、养恤、安辑、蠲缓、放贷和节约等消极救灾措施以及兴修水利、重农贵粟和扩大仓储等积极措施都是为了解决灾害发生后的饥荒问题。粮食短缺是大灾之后的主要社会问题，粮食赈济是赈济灾民的最重要的方式，可以在最大程度上安抚灾民，稳定社会秩序，调粟、养恤、安辑等其他措施都是为了解决灾民的粮食问题，使灾民可以维持基本生存。灾害往往伴随着瘟疫，如果灾民得不到救治就有死亡的危险，所以不少朝代都对灾民进行医药赈济，向灾区遣医送药。但是，灾前防御、灾后重建、流民安置等在中国古代的救灾防灾体系中的重要性远不如解决饥荒和祛除疫病。

三是救灾效果不好。中国历史上的救灾举措大都是权宜之计，治标不治本，不可能从根本上消除灾害。水灾是古代最频繁的自然灾害之一，结果却是年年治水，年年有水患。大部分救灾措施只是让灾民暂时渡过难关，并没有对灾后重建和恢复生产增加投入。

四是救灾制度化程度低。中国古代的救灾具有相当大的随意性，只有明君和有爱民之心的官员会重视救灾，体恤灾民之苦，尽力改善灾民的生活状况，而昏君和贪官则不然，若是荒年遇到昏君和贪官，百姓就会民不聊生。此外，地方政府在救灾时很少具有自主性，需要服从中央政府或上级政府的指示，而中央政府和上级政府可能并不了解灾情的严重程度，加上在地方政府与上级政府沟通的过程中会造成时间延误，使得中国古代的救灾具有相当大的滞后性。

五是救灾的主体主要是政府，士绅和宗族等民间自救的力量比较薄弱，缺少以社区[①]为最小单位的救灾。政府是救灾减灾工作的主体。在中国古代，救灾减灾历来被作为政府的一项职责而存在。如郑功成认为："由于中国历史上灾害造成的后果十分严重，尤其易使社会失去控制，动摇统治阶级的统治秩序，因此，自有国家以来，救灾就成为政府的一项职责而存在。"[②]频繁的自然灾害影响中国古代经济和社会的发展，先秦以来，各朝政府始终把农业作为国家的根本，以农立国，把荒政提高到最高国策的地位。在中国古代很早就建立了"王者以

---

① 这里的社区是指县域范围的地区。

② 郑功成：《中国救灾保险通论》，长沙：湖南出版社 1994 年版，第 21 页。

民人为天，民人以食为天”的观念，因为“民惟邦本，本固邦宁”[①]。州县是灾害管理的基层单位，在一些朝代，如北宋，由于财政是由州一级进行统筹，县域的救灾就需要州的指导规划，县一级没有救灾的自主权。士绅和宗族由于经济基础和社会观念的原因，救灾的影响力不如地方政府。

六是社区范围内的救灾是零散的、小规模的。除了政府的救荒措施外，地方州县和民间人士也采取过相应的慈善救济方式，富户散财施粥，救助同一地区的灾民，但是这样的救灾是零散的、小规模的，并且不是一直存续的，这取决于富户的道德水准和经济状况。历朝历代都有地方好善乐施人士的记载，从不间断，但是这些记载分散于各地。盛唐时期，由于经济发展繁荣，有影响民间私人赈济的慈善活动也涌现了，救活了不少灾民。在唐朝中后期，民间社会的慈善活动开始突破地缘和血缘的限制，救济范围有了新的扩大[②]。但是，唐朝的统治者认为，民间慈善事业的存在从侧面反映出朝廷的不仁，与其所推崇的儒家仁政思想不符，因此民间的慈善救济发展极其缓慢，朝廷的政策从侧面打击了民间的灾荒救济。两宋时期，由于朝廷的扶持和工商业的发展，民间的灾荒救济出现空前兴盛的局面，著名的范氏义庄就是这时出现的。但是，到了元代以后，由于尖锐的民族矛盾和社会矛盾，民间的灾荒救济受到打击，在地方官员推行慈业善政的努力下，民间的灾荒救济在停顿中得到一定发展。明中叶以后，商品经济日渐繁荣，商人成为地方社会赈济活动的重要力量，富户散财施粥变得较为普遍，民间的灾荒救济日趋兴盛。总之，在中国古代，由于受到朝廷政策、经济发展、个人道德和战争的影响，民间的灾荒救济一直都是小规模而零散的。

四、形成脉络

德治之说是政府承担救灾减灾责任的主要支撑。德治的要求和标准进入实际的政治运作过程，成为各朝各代封建统治所追求的理想目标，是基于汉代董仲舒的理论。在董仲舒之前，德治、德教务虚的居多，它们只是作为一种君王

---

① 祁磊:《救荒本原及相关问题简论》，载于郝治清主编:《中国古代灾害史研究》，北京:中国社会科学出版社 2007 年版，第 444 页。

② 周秋光、曾桂林:《中国慈善简史》，北京：人民出版社 2006 年版，第 92 页。

的说教。到了汉代，董仲舒接过这些教条并加以改造，纳入他的天人合一的理论构架之中。这就产生了新的效应：德和德治升格为现实统治者所必须遵从的“天意”、“天道”[①]。在汉代，无论朝野，德治成为全社会普遍认同的价值。董仲舒认为，人君受天之命，代天治理百姓，天帝会依照天子治理国家的业绩进行考察，分别照功过，予以奖惩；如果天子未能遵从天意、天道治理国家，以致“国家之失”，百姓遭殃，天帝会表示不满和愤怒，并降“灾”以示警惧，促使天子的自我反省。“灾”是指自然界中“天地之物的不常之变”；天子对天帝的警惧如果置若罔闻，不改过自新，励精图治，无法求得天帝的谅解，天帝就会继灾害之后进一步降“异”，即“天地之变中的不常之变”中的大者；如果人君知道天帝降下“灾异”的意义而不思悔改，天帝经过进一步考察，知道人间已经处于“大亡道之世”，人君违背天意，天帝就会让另外的有德之人取而代之，这就是改朝换代[②]。董仲舒的“灾异—谴告”说对后世的统治者影响很大，德治是其具体的衡量标准，明君将“德”作为自己的行为准则，民众尤其是知识阶层将“德”作为评判统治者的标准。后世的统治者将德治作为执政的方针，上至君主下至地方官吏都非常注重救灾减灾。为了保证各级官员履行救灾减灾的职责，历史上各个朝代对报灾、勘灾、救灾都作了相关规定，同时还制定了对救灾官吏的奖惩制度。

史载，周代中央政府就有一些兼管救灾的官员，《周礼·地官·司徒》记载：大司徒的职责之一便是“以荒政时有而聚万民”，负责救灾，如在荒年要“散利”，就是发放救灾物资[③]。春秋时期，也是由百官主持救灾。秦汉以后，封建官僚机构发生了很大变化。在汉代，户部尚书掌管民户、农桑等，兼管部分救灾事宜。隋唐时期，中央政府设立了户部，户部的职责之一就是救灾。宋代也是如此，如宋代的户部右曹职掌中有“以义仓赈济之法救饥馑、恤艰厄”。明代的户部职掌中也有救荒的职责[④]。当重大灾害发生后，中央政府会临时派遣使臣奔赴灾区协助或主持地方救灾，同时对地方的救灾进行监督。在中国古代的政

① 田人隆:《“天人合一”论与汉代应灾模式》,载于郝治清主编:《中国古代灾害史研究》,北京：中国社会科学出版社 2007 年版，第 60 页。

② 同①，第 58—59 页。

③ 孙绍骋:《中国救灾制度研究》，北京：商务印书馆 2004 年版，第 54 页。

④ 同③，第 54 页。

府救灾体系中，州县一级是灾害管理的基层单位。与中央灾害管理系统的职能相比，地方灾害管理更注重减灾的实际效果①。在中央朝廷，政府更重视祈祷之类的“弭灾”手段，由皇帝带领大臣祈雨、祈晴，而在州县，政府更注重赈济、平粜等实际救灾措施，执行上级政府的指令。

士绅和宗族是中国古代救灾防灾工作中重要的民间力量。士绅是与地方政府共同管理当地事务的地方精英，与地方政府所具有的正式权力相比，他们属于非正式的权力，两个集团相互依存，又各自以不同的方式行使着自己的权力②。士绅在普通百姓的圈子中拥有普遍的尊敬和追从。作为社群或公众的首领，他们解决纠纷、组织募捐活动、主导地方防备，也发挥其他种类的领导活动，人们还希望士绅为他们申冤昭雪，在灾荒时给人们提供救济，并在增进地方福利中扮演积极角色③。在灾害发生后，很多富户会救济同一宗族的穷人。宋代以后，家族内部对贫弱者的救助已形成一种社会风气。范仲淹在官显名赫之时在家乡吴县创立了中国最早的私人义庄——范氏义庄。义庄作为宗族的经济实体，其设立缘由就是为了赈济和安抚贫穷不能自给的族人④。范氏义庄最初只有1000余亩田，到清末的时候已达5300余亩。受范氏义庄的影响，明清时期，特别是清中期以后，族田义庄在全国逐渐盛行。义庄设置者身份也不局限于士绅，到清代，义庄设置者有上层乡绅地主、下属乡绅地主、庶民地主和商人地主四类，在徽州、山西、宁波、广东等商贾众多的地方，商人捐建义庄的情况更为普遍⑤。

魏晋以来，佛教日渐兴盛。在魏晋和隋唐时期，一些僧侣广泛参与济贫赈灾、治病救人等救灾活动。北魏文成帝时，更是设置僧祇粟，其职能之一就是赈济灾民⑥。《魏书·释老志》记载：“昙曜奏平齐户及诸民有能岁输谷六十斛入僧曹者，即为僧祇户，粟为僧祇粟。至于俭岁，赈及饥民。”《北齐书》卷八《后

① 石涛：《北宋时期自然灾害与政府管理体系研究》，北京：社会科学文献出版社2010年版，第237页。

② 瞿同祖：《清代地方政府》，北京：法律出版社2003年版，第282页。

③ 孙绍骋：《中国救灾制度研究》，北京：商务印书馆2004年版，第297页。

④ 周秋光、曾桂林：《中国慈善简史》，北京：人民出版社2006年版，第115页。

⑤ 同④，第191页。

⑥ 阎守诚主编：《危机与应对：自然灾害与唐代社会》，北京：人民出版社2008年版，第366页。

主纪》记载了北齐武平六年发生水灾后，“七年春正月壬辰诏：‘去秋已来，水潦人饥不自立者，所在付大寺及诸富户济其性命。’”根据朝廷的指示，佛教寺院直接担负了赈济的责任。到了唐代，随着寺院经济的发展，为寺院直接参与救灾活动提供了经济和物质基础。当时，许多僧人不仅在平时参与修桥、施粥等社会公益活动，在灾害发生后还积极协助地方政府进行救济[①]。现存的许多佛经都涉及医术，佛教僧侣还利用自身擅长的医术救治感染疫病的灾民。当时僧人在治疗疾疫方面,主要采用诵念咒语的咒禁之法与药物疗法[②]。到了唐代后期，佛教僧侣越来越成为地方救灾的重要力量。社邑是唐末及五代时期，由僧人和民间的佛教信徒自愿结合而设，其名称有香火社、亲情社、法社等，除了供奉佛事外，社邑的主要职能就是生活互助。

第二节　中国近代的社区灾害管理

晚清时期，随着西方慈善组织和基督教的救助观念以及各种社会思潮的传入，一种新型救灾模式——义赈开始在中国社会出现并得到了迅速的发展。1876年至1879年，华北晋、豫、陕、鲁、直等省发生了特大旱灾，史称“丁卯奇荒”。在救灾过程中，政府的“官赈”、民间的“商赈”以及西方来华教会的“教赈”相互呼应，推动了我国救灾事业的近代化。以江南绅商为主组成的救济善会、济急善会等民间慈善组织，发动东南各省民间力量，大力组织义赈，有力弥补了官方在非常时期社会救济的暂时缺失。就西方教会在救灾过程中的实效而言，与其有限的“教赈”银款相比，其救灾理念的启发意义似乎更有价值，间接推动了义赈的发展。

一、价值理念

（一）官赈思想

1840年鸦片战争后，严重的社会危机使一部分知识分子开始觉醒，他们对

① 阎守诚主编:《危机与应对:自然灾害与唐代社会》，北京:人民出版社2008年版，第366页。

② 范家伟:《晋隋佛教疾疫观》，载于《佛学研究》1997年第6期。

自己所处的时代进行反思，开始变得现实。在延续了传统荒政思想的前提下，尽管上天降灾的传统观念仍然存在，一些进步的思想家对如何改造社会条件救灾、防灾提出了新的见解和主张，对清政府的救灾救荒产生了一定影响。

1. 清流派

清流派，又称“清流党”，是19世纪七八十年代清朝统治集团内部出现的一个政治派别，“重本”、“恤民”体现了清流派的救荒思想。清流派主要在朝廷中枢任职，主张上书言事，评论时政，弹劾权臣，指斥弊政，吁求整饬纲纪。清流派认为，灾荒频发的原因是吏治腐败、赋税过重。主管救灾救荒的官员玩忽职守，互相推诿责任，甚至趁机贪污，都是灾害频发的原因，而赋税的负担使得灾民无力抗灾。清流派主张通过整饬吏治、减轻赋税、兴修水利来防灾救灾，在救灾的具体措施中，清流派认为应该赈济钱粮、安置流民。

2. 洋务派

洋务派是在第二次鸦片战争结束后逐渐形成的，“中体西用”是洋务派指导思想的核心，“师夷”体现了洋务派的救荒思想。洋务派认为，灾害频发而救灾效果不佳的原因是徭役过重、吏治腐败、罂粟侵占粮田和人力、生态环境恶化以及烧锅耗费太多粮食。面对连年的灾荒，洋务派认为应该整饬吏治、储备粮食、禁烟锅而重农桑、利用西方机器兴修水利以及广植树木预防水旱等。在兴修水利上，李鸿章的《治河办法十条》体现了洋务派的思想，在沿用传统治河办法的同时，李鸿章采纳了比利时工程师卢法尔的建议引进机器浚船等先进设备，但是只是引进西方的先进设备，没有采用西方的治河办法，这是洋务派“中体西用”的体现。

3. 资产阶级维新派

资产阶级维新派反映了民族资产阶级的意志和利益，以甲午战争为界，资产阶级维新思想家可以分为前后两批人，前期的思想家有王韬、薛福成、郑观应等，康有为、梁启超、严复和谭嗣同则是后期的思想家，倡导了戊戌维新运动。郑观应是对灾荒问题谈得最多的维新派思想家，对于如何防灾、救灾，他提出修建铁路、发展农业、植树造林、社会救济、农业保障、储蓄等多方面的有价值的见解和主张[①]。在兴修水利方面，郑观应在“论救水灾”、“论治河”、

① 康沛竹:《灾荒与晚清政治》，北京：北京大学出版社2002年版，第167页。

"治河"等文中较为系统地提出了他的治河主张，有探究河水泛滥的原因、购置外国机器、任用专门人才等，他还提出了开支河、开大湖、筑堤岸、设大风车等具体方案。在植树造林方面，郑观应提出应当把种树作为重要的防止水灾的手段。在农业方面，他主张引进西方先进农业机器和技术，改革传统农业，从而提高粮食产量，增加灾荒时的积蓄。在储蓄方面，郑观应很推崇西方和日本的农业保储、储蓄法，提出在中国实行的具体步骤：一是"开平民储蓄机构，以便民积贮，设庶民银行以与民通融"。二是"筹备农业保险，俾小民水旱无虞"。三是"建立农仓，以聚散农产"，共分三级，在中央设立保险总局，"提纲挈领"，各村设"农民储蓄社"，各县设"庶民银行"[①]。

4. 资产阶级革命派

资产阶级革命派的核心观点是标本并治。晚清时期，对灾荒问题谈得最为深刻的是孙中山。与以往的主张不同的是，孙中山认为，要改变灾害频发的状况，必须倡导革命，归根结底是要推翻清政府的统治，建立资产阶级民主共和国。在《中国的现在和未来》一文中，孙中山指出天灾人祸的发生是人为的原因，其根源就是贪污，"除非在行政的体系中造成一个根本的转变，局部的和逐步的改革都是无望的"[②]。孙中山提出，发展农业、修建铁路、植树造林是救灾、防灾的重要步骤，在他的实业计划中还包括治理黄河、长江、淮河、运河、珠江等河流的具体规划，并第一次提出修建三峡工程。

孙中山的救灾思想基本上体现在南京临时政府的机构设置中，为了救灾救荒，在传统荒政的基础上，吸收外来的救灾制度与经验，在救灾程序、措施、财政、管理等方面进行制度建设，把救灾工作纳入政府工作的范畴。在中央，内务部下的民政司具体掌管救灾事项；在地方，各省设有民政厅，负责地方救灾事项。北洋政府和南京国民政府基本上延续了南京临时政府的各个机关。北洋政府规定由内务部负责救灾事项，具体规定了内务部下设民政司，职掌贫民赈恤、罹灾救济等事项。尽管北洋政府的官制后来有所变更，如将民政司改为民治司，其救灾的职能并没有改变。南京国民政府成立后，内务部改为内政部，由其下设的民政司掌管赈灾济贫事宜。在地方的赈灾工作中，国民政府将地方

① 康沛竹：《灾荒与晚清政治》，北京：北京大学出版社 2002 年版，第 159 页。

② 同①，第 162 页。

救灾组织组成一个全国性的救灾机构，但是这与民政司的职能重叠，后将两者合并，组成新的赈务委员会。在赈务方面，政府主要采取急赈、冬赈、春赈、杂赈四项来救济灾民。

（二）义赈思想

近代义赈是指与官方主持的灾赈——“官赈”相区别的，由民间自行组织劝赈、自行募集经费，并自行向灾民直接散发救灾物资的活动[①]。光绪初年，以华北爆发的“丁卯奇荒”为引线，以李金镛、谢家福、严作霖和经元善等人为首的一批江南绅商自发动员江南社会资源，掀起了“民捐民办”、赈济华北灾民的活动，是为义赈之始。这时的义赈并非是对民间赈灾力量的统称，而是专指一种有着特定地方背景即以江南地方社会为核心谱系的赈灾[②]。义赈的主体被称为义绅。所谓义绅乃是对有财力、有名望家族之绅士，于饥馑等非常之时为救济穷民而豁出家财尽力者的称呼[③]。与义赈的江南谱系相对应，义赈原先使用的是一种带有地方性认同的助赈话语，其基本逻辑是“办他省之灾，弭本省之患”[④]。江南绅商在深入江南以外的地区开办赈务的同时，强调这是为了防止本省受到灾患的牵连。到1900年清政府第一次公开向地方社会求助的时候，义赈就不再局限于地方性认同的话语，而是转换为对国家的认同。这一时期义赈的主要内容是捐银捐粮，到灾区勘探灾情，因地制宜地确定赈济的具体措施。在1900年对京津地区因八国联军侵华战争而制造出来的难民的解救中，义赈的救济会与济急会公开宣称其宗旨与西方的红十字会相同。1905年，在仁人志士的推动下，上海万国红十字会成立，得到官绅富商的大力支持，广募捐款，赈济灾民。民国以后，民间社会成立了各种各样的赈灾、济贫等慈善机构，每当灾

---

① 朱浒：《地方性流动及其超越——晚清义赈与近代中国的新陈代谢》，北京：中国人民大学出版社2006年版，第24页。

② 朱浒：《地方系谱向国家场域的蔓延——1900—1901年的陕西旱灾与义赈》，载于李文海、夏明方主编：《天有凶年：清代灾荒与中国社会》，上海：生活·读书·新知三联书店2007年版，第396页。

③［日］堀地明著，张永江译：《光绪三十二年江北大水与救荒活动》，载李文海、夏明方主编：《天有凶年：清代灾荒与中国社会》，上海：生活·读书·新知三联书店2007年版，第364页。

④ 朱浒：《江南人在华北——从晚清义赈的兴起看地方史路径的空间局限》，“区域社会史比较研究学术研讨会”论文，山西太原，2004年8月。

害发生后，各种慈善机构纷纷组织募捐，救济灾民，影响较大的有世界红卍字会中华总会、国际统一救灾委员会、华洋义赈总会等。这一时期的慈善机构大都秉持人道主义的精神。

（三）教赈思想

鸦片战争后，西方教会深入中国，一些传教士或教会在通商口岸及内地兴办了育婴堂、孤儿院、诊所、医院等慈善医疗机构，教会的慈善活动及慈善观传入中国，对中国的救灾赈灾事业产生了影响。教会的赈灾活动有人道主义因素，在重灾之时伸出援助之手，救济了一部分灾民。传教士们抱着“救人救彻”的慈善理念，往往选择官赈所不及之处，在某一特定的灾区内进行经常性的赈济，使赈款真正能惠及饥民，使之全活。同时，还有不少传教士不辞辛劳，不惮疫疠，千里奔波于灾区，悉心致力于赈务，以至于有积劳殒殁者。那些在中国各商埠居住的外国商民，大多数也是基于对中国灾区的同情与怜悯而踊跃捐输，解囊相助，这就体现出近代慈善事业所蕴含的国际人道主义精神[①]。但是，教会的慈善活动主要目的在于传教。据传教士的日记记载，“我在灾民中发放赈款，对于广大的民众是一个可以使他们信服的证据，证明我的宗教是好的”，“我的救灾工作从一开始就具有宗教因素”，“我所发放的金钱和我救灾的努力，都被认为是基督教的延伸和发展”[②]。因此，教会的赈灾活动主要目的在于传教，通过金钱和粮食使饥饿的灾民消除对教会的偏见，为基督教的推广铺路。

二、基本内容

（一）传统荒政

晚清时期，蠲缓与赈济是清政府两项最主要的救灾政策，除此之外，还有抚恤（包括发放钱米、馍饼，席片，给房屋修缮费等）、安辑（主要有留养、资送几种方法）、借贷、除疫、以工代赈、平粜、调粟（晚清时期主要是移粟就

① 周秋光、曾桂林:《近代西方教会在华慈善事业述论》,载于《贵州师范大学学报（社会科学版）》2008 年第 1 期。

② 出自《从马礼逊到司徒雷登》,转引自康沛竹:《灾荒与晚清政治》,北京:北京大学出版社 2002 年版，第 119 页。

民）、收养耕牛、施放棉衣、医药，等等[①]。清代沿袭了历朝的仓储制度，清代的仓储主要包括常平仓、京通仓和民仓。常平仓是设置于各州县的官仓，主要是荒年平粜之用。京通仓是位于京师通州的京仓、通仓，主要用于贮存漕粮，以保证官俸、军需供应，兼用于平粜和赈济。民仓是设置于乡村和市镇的社仓和义仓，粮食来源于民间自行捐谷，政府对其进行干预。

民国时期的救灾延续了传统的荒政，包括临灾治标和灾后补救两大方面。临灾治标主要包括急赈、调粟、祛疫、治蝗等内容，灾后补救则以工赈、农赈等为主。急赈为直接散放、临时赈救灾民，是最直接的救济方式，包括赈粮、赈款、赈粥、赈衣四种。工赈这种方法在民国时期特别盛行。民国十七年（1928），国民政府施赈标准中规定："中央赈款以办工赈为原则；工赈以用人多，工作易，能就地施工而与防灾有关系者为原则；但如筑壕、穿渠、修堤、浚河、疏湖、凿井、修路等，虽与防灾无关，亦在首先举办之列。"[②]农赈在民国时期也非常盛行，包括贷款、贷种子、耕牛、农具等。在改良社会条件方面，国民政府为复兴农业、恢复仓库制度做出了努力，在改善自然条件方面，国民政府提倡植树造林和兴修水利。

（二）实业救灾

实业的发展和经济实力的提升是救灾防灾的后盾和保障，当时的中国积贫积弱，只有大力发展实业，提升国家的经济实力，救灾防灾才能够取得实效。发展实业主要体现在修建铁路、振兴农业和发展工商业上。灾害发生后，交通运输尤为重要，将粮食和钱款运送到灾区，或者将灾民运送到有粮的地区，铁路使运输变得方便快捷。灾荒之后，粮食是最主要的救灾物资，振兴农业是为了增加粮食储备，而发展工商业则是促进经济力的提升，为救灾防灾增加资金基础。

（三）社会救济

晚清和民国时期的官赈由于吏治腐败、财政匮乏和仓库空虚等原因，不能很好应对连年不断的灾荒，为社会各方的救济提供了机会，主要有传统的民间善堂，如栖流所、施医局、养老院、育婴堂等；士绅设立的义赈机构，如以协

① 康沛竹：《灾荒与晚清政治》，北京：北京大学出版社 2002 年版，第 73 页。

②《赈款委员会办事细则》，1928 年南京国民政府颁布，国史馆藏国民政府档案，《赈济机构组织法令案（一）》卷，典藏号 001-012071-0330。

赈公所、筹赈公所等为名义的义赈机构；教会设立的慈善组织；民国以后成立的慈善组织，如世界红卐字会中华总会、国际统一救灾委员会、华洋义赈总会等。这些社会慈善组织在灾荒之年通过给粮、给钱等方式赈济灾民。

三、主要特征

进入近代以后，由于灾区广、灾情重，同时由于财政匮乏和严重的贪污腐败现象，政府面对频发的灾荒已经无能为力，民间社会团体以及个人就成为近代灾荒救济最可靠和最主要的力量。近代的灾害救济呈现出以下几个特征。

一是传统救灾内容的传承。晚清和民国时期都延续了传统的救灾荒政，如赈济、调粟、祛疫、兴修水利、扩大仓储等，这些传统荒政取得了一定的救灾防灾效果，但是，就荒政的整体效果看，政府主导的荒政由于制度性的缺陷，抑制了救灾防灾的效果。由于报灾程序烦琐，效率低下，一些官员谎报灾情，或者趁机勒索，致使坐失救荒时机，贻害百姓，没有及时赈济灾民。还有一些官员趁机私吞赈款，凭借各种手段，大发横财。由于吏治腐败和经费不足，兴修水利往往只是局限于守堤、堵口环节，缺乏彻底的治理，这也就决定了灾荒连年的局面。由于自然灾害、战争破坏以及年久失修等原因，粮库损毁严重，储备粮数量急剧下降，加上官员玩忽职守，不及时采买，变卖、挪用、侵占仓谷的行为泛滥。

二是救灾主体逐渐多元化。由于近代社会危机的加剧，政府已无力面对频发的自然灾害，民间社会团体以及个人纷纷加入救灾的行列。鸦片战争以后，随着西方文明的深入和民族危机的加深，士绅阶层开始觉醒，他们力倡“重商主义”、“商战救国”，并积极投身商业，开始了与“商人”的互相渗透，从“士绅”演变成“绅商”这一社会阶层。义赈是绅商体现其社会价值的赈灾活动。光绪初年“丁戊奇荒”中兴起的义赈，由于其有别于官赈的高效的工作机制，在社会上产生了广泛的影响。此后，在每一次重大的灾荒中，都有义赈人士筹捐巨款资助，义赈在晚清的赈灾活动中发挥着越来越重要的作用。随着一些传教士和教会在通商口岸及内地的深入，教会也在特定灾区进行经常性的赈济。救灾活动由官赈占据主导地位演变成官赈、义赈和教赈的合流。

三是在社区范围内开始出现有组织的救灾。以往出现的民间救灾活动都是零散的、小规模的，具有很大的地区局限性。某个地区发生了灾荒，就在该地区范围内进行募捐活动，至多也只是扩展到个别在邻近大城市旅居的本籍同乡范围，也仅仅向本地灾民发放粮食和钱款，施粥给药。近代义赈出现之后，则完全突破了狭隘地区的局限，募捐的范围涉及广泛的社会阶层，而且募捐活动往往遍及全国各地，甚至扩展到海外的爱国华侨。赈款筹集之后，义赈工作人员前往灾区勘察之后再在灾区放赈。对某一个地区的放赈，往往都经过募款、司账、转运、查赈几个环节，这时的救灾是有组织的、大规模的。民国以后成立的社会团体，基本上都借鉴了西方的科学救灾思想，在法律法规的范围内进行有组织的救灾活动。

四是救灾工作逐渐社会化。民国时期，救灾工作的社会化程度很高，这是由于社会团体的蓬勃发展。在民国时期，不断壮大的近代新式资本主义经济实力，尤其是城市工商业的发展，奠定了救灾社会化的物质基础。西方思想的传入，使民间社会力量由分散走向联合，形成具有自主观念、自觉精神、社会责任意识的各阶层力量的联合。他们成立各种社会团体，在救灾中发挥积极作用。对此，民国政府也留下了足够的政治、经济、社会空间以容纳并激励民间力量的正当发展。近代新式传媒的发展及其广泛运用，成为沟通官民的桥梁，使各方有了认知、探讨和相互接纳的机会，从而促进了近代救灾的社会化。但是，民国时期战争频发，政治失序，社会紊乱，使社会化缺乏良好的社会环境，加上经济发展不平衡，受灾地区往往是落后的偏远地区，而救灾物资的来源只有上海这样的大城市，使得有限的社会团体疲于应对频发的自然灾害。

四、形成脉络

经历了两次鸦片战争和太平天国运动之后，随着内忧外患的加剧，清政府的行政能力不断削弱，中央政府政治权力弱化的速度和程度不断加剧。内则自然灾害频发，饥荒不断，吏治腐败，社会秩序极端不稳定；外则列强步步紧逼，使得皇家权威日渐下降，中央军权下移，地方势力崛起，基层社会失控。另外，财政的匮乏导致捐官买官之风盛行，各级官吏玩忽职守，贪污贿赂成风，这就使得救灾防灾方面的吏治腐败非常严重，在赈灾款粮中贪污，在治河过程中偷工减料。贪污腐败的泛滥，使本就投入极少的防灾救荒钱粮被多方侵吞，既造成防灾方面的投入无法落到实处，加大了灾害发生的可能性和严重性，又使得救灾过程中本该用于灾民的救灾款项却难以到达灾民手中，加深了民生疾苦。

列强侵入中国，使许多人看到西洋的先进技术。在这样的历史背景下，各政治派别的有识之士提出，应当通过整饬吏治、重视农业、增加储粮、利用西方先进技术改变救荒不力的状况。国民政府成立后，虽然设立了专门负责救灾工作的机构，但是没有从根本上消除救灾过程中的贪污腐败现象，官赈不力从客观上给义赈让出了空间。

灾荒频发和官赈不力并不是近代义赈兴起的根本原因，义赈本身是传统慈善活动和慈善机构的传承。在义赈机构的创建过程中，一些原本就存在的善堂起了重要作用。一些义赈活动的骨干成员本来就是善堂的主持者或慈善活动的参与者，如经元善、李金镛、郑观应等，都是子承父业，乐善好施。关于义赈兴起的经过，积极参与的经元善曾有记载，丙子(1876 年，光绪二年)，丁丑(1877 年，光绪三年)间，江苏沭阳和山东青州发生较重灾荒，李金镛首倡义赈；丁丑至戊寅(1878 年，光绪四年)间，山西、河南等地大旱奇荒，经元善等人成立了沪上协赈公所,使义赈在更大规模上开展起来[①]。“丁卯奇荒”是晚清时期最为惨烈的一次灾荒，正是这场灾荒期间出现了具有新兴意义的、以江南民间社会力量为主体的晚清义赈活动，从根本上突破了整个中国救荒机制的传统格局。尽管“丁卯奇荒”主要受灾区域是华北，但是华北与江南的距离并不遥远，华北灾区的大批饥民纷纷涌入江南地区，给当地带来了很大的不安定因素。江南士绅社会本来就具有极强的能动性，在灾荒期间维护本地社会秩序是江南士绅阶层的传统。因此，在大批流民涌向江南的时候，江南士绅阶层向官方的留养活动提供了大力的支持。由于官方的留养活动并不济事，以李金镛为代表的江南士绅阶层前往苏北开展赈灾活动。李金镛到苏北之后，深感官赈不力是由于官赈程序的弊端，因此自行制定了一套赈灾程序和办法，与以往的官赈迥然不同，开启了晚清义赈的先河。

晚清兴起的义赈，创造了一套新颖而有效的工作程序和方式，这是与以往善堂的救灾完全不同的救灾方式。以往的救灾活动是零散的、无组织的，而晚清义赈是大规模的、有组织的。每当有重大灾情发生，义赈主持者们首先成立由社会名流领衔的义赈组织(如协赈公所、筹赈公所、赈捐处、协赈处、赈捐收解处等)；然后大力开展宣传活动，如在一些报刊上发表劝赈启事，印发反

① 李文海:《晚清义赈的兴起和发展》，载于《清史研究》1993 年第 3 期。

映灾区灾情的图文并茂的传单等；接着，统一印制募捐册，交由各地代理机构或联络点使用；各地代理机构即以此向社会各界开展募捐活动，募得款项，统一汇交一般设在上海的义赈中心组织；待筹集到相当赈款后，即直接派人专程赴灾区散发，同时在报上刊登消息，向社会报告赈款用途及去向，往往是筹解一批，公布一次[①]。整个义赈过程，每个环节都具有相对的独立性，并派专人负责，各司其职。

“丁卯奇荒”发生后，英国传教士李提摩太所在的山东青州府灾情特别严重，他通过《万国公报》、《申报》等宣传山东的灾情，呼吁外国侨民捐款，并将得到的几笔捐款陆续发给灾民。在他的推动下，一批传教士、外商和外交官员在上海成立了山东赈灾委员会。1877 年和 1878 年是“丁卯奇荒”中旱情最严重的两年，这一时期外国教会主持的赈济事业的规模也在不断扩大。西方来华的传教士、外商和外交官员在山东赈灾委员会的基础上成立了中国赈灾基金委员会，这是一个以传教士为主体，开展搜集灾情、募集捐款、发放赈款及物资等活动的慈善救济机构。“丁卯奇荒”期间，西方传教士将近代西方组织严密、募捐散集科学的赈灾模式引入中国，对江南地区士绅组织的大规模义赈产生了深刻影响。“丁卯奇荒”之后，中国每次发生大的自然灾害都会有传教士的足迹，前往灾区进行勘灾、放赈活动。

严重的灾荒和义赈的兴起促使了上海万国红十字会的成立，除了医伤、葬死之外，红十字会还对灾区进行救济。民国时期，民间社会也成立了各种各样的赈灾、济贫等慈善机构，如世界红卍字会中华总会、国际统一救灾委员会、华洋义赈总会等。这些慈善团体在民国社会中为拯救屡遭水旱之灾的百姓承担了主要的救济职责。南京国民政府成立后，制定了一些关于慈善事业的专门法律文件，使这些慈善团体处于政府的统一指导和监督之下，但是，这些法律法规也显示了政府对慈善团体的约束和控制。

① 李文海：《晚清义赈的兴起和发展》，载于《清史研究》1993 年第 3 期。

第三节 中国现代的社区灾害管理

新中国成立后，中国的灾害管理制度先后进行了四次重大变迁①。第一次是1949—1978年初步形成阶段。随着农业社会主义改造的基本完成，基本形成了中国现代灾害管理制度的雏形。为了应对频发的自然灾害，扭转旧中国救灾不力的局面，中央和地方各级人民政府对救灾工作给予了极大重视，明确了自然灾害与农业生产的关系。同时，中央人民政府会对具体的救灾政策措施作出指示。1950年，政务院正式成立了中央救灾委员会，加强对救灾工作的领导，为救灾工作的开展提供了必要的支持。这个时期中央的救灾工作方针概括起来即“生产自救，节约度荒，群众互助，以工代赈，并辅之以必要的救济”，符合当时的形势。然而，由于“大跃进”和“反右”运动带来的政治压力，一些地区隐匿灾情不报或者谎报已经战胜了灾害，使从中央到地方都产生了盲目乐观的情绪，对自然灾害的严重程度缺乏思想准备和应对措施。“文化大革命”开始后，日渐深入的政治运动对救灾工作的冲击很大，救灾工作得不到应有的重视。这个时期确立了以中央政府为唯一责任主体的灾害管理模式，基本保障了灾民的生产和生活，社区在这个时期的救灾工作中处于缺位状态。

第二次是1978—1989年恢复和调整阶段。随着“文化大革命”的结束，中国各项救灾工作正在逐步恢复和完善。十一届三中全会召开后，民政部连续发布了《民政部关于印发十三省、区生产救灾工作会议文件的通知》、《认真做好今年春荒期间的生产救灾工作，为夺取今年农业丰收而奋斗》、《刘景范副部长在十三省、区生产救灾工作会议闭幕会时的讲话》等救灾文件，对救灾工作作出了一系列部署，恢复了对自然灾害长期性的认识，重新强调了生产救灾的重要性，把救灾工作当作促进农业生产的重要组成部分。20世纪80年代救灾减灾工作的调整主要酝酿于70年代末到80年代初救灾减灾工作的恢复阶段，开始于1983年。1978年十一届三中全会后，为了适应新情况，新的救灾举措对传

① 以下划分参照陈彪:《中国灾害管理制度变迁与绩效研究》,中国地质大学博士学位论文,2010年。

统救灾体制下的救灾减灾工作进行调整和变革，主要举措有实行救灾经费包干、试行救灾保险、改革救灾款的发放使用办法、救灾与扶贫相结合、创办农村救灾扶贫互助储金会、接受国际援助和加强国际合作等。1985 年民政部等九部委向国务院递交的《关于扶持乡村贫困户发展生产治穷致富的请示》使得救灾与扶贫相结合的基本方针得以确立，《请示》提出："要把扶贫和救灾结合起来。救灾款在保障灾民基本生活的前提下，可用于灾民生产自救，扶持贫困户发展生产。救灾款有偿收回的部分用于建立扶贫救灾基金，有灾救灾，无灾扶贫。"这个时期确立了救灾与扶贫相结合的救灾管理模式，政府是救灾工作的责任承担主体，社区并没有在救灾工作中发挥作用。

第三次是 1989—1998 年改革与发展阶段。以中国国际减灾十年委员会成立为契机，中国各项救灾制度改革进入了一个快速发展时期。随着中国国际减灾十年委员会的成立、第十次全国民政会议的召开和分税制财政管理体制的逐步建立，中国的救灾工作也发生相应的调整。这一时期实行了救灾与减灾相结合、救灾工作分级管理的救灾模式。1989 年，联合国大会通过了《国际减轻自然灾害十年国际行动纲领》，要求各国政府拟订减灾方案，协调多方力量参与救灾工作。该文件首次在正式文件中提到"加强社区的备灾能力"。中国政府积极响应联合国的号召，成立了中国国际减灾十年委员会（简称中国减灾委），"减灾"的概念在中国出现主要是在中国减灾委成立以后。在中国减灾委成立之前，虽然中国也在从事着与减灾有关的活动，但尚属于分散、零星、被动性的活动。真正有针对性、主动性的减灾活动出现在中国减灾委成立之后。面对救灾工作中出现的矛盾和问题，民政部提出了深化救灾工作改革，实行救灾工作分级管理、救灾款分级承担的新思路。这个时期建立了救灾工作分级管理体制，救灾经费实行分级负担，强化了地方各级政府在救灾减灾工作中的地位，国家对救灾统包统揽，社区不承担救灾工作。

第四次是从 1998 年至今的综合科学管理阶段。1998 年长江、嫩江和松花江流域发生的特大洪涝灾害暴露出了中国现代灾害管理制度在很多方面存在着的缺陷，中国灾害管理开始朝着综合科学管理迈进。在联合国国际减灾十年的大背景下，中国政府颁布实施了《中华人民共和国减灾规划 (1998—2010 年)》，使中国的救灾减灾事业第一次有了一个较为宏观的指导意见，促进了救灾减灾工作的进步。该规划提出中国减灾工作的五项目标，即农业和农村减灾、工业和城市减灾、区域减灾、社会减灾、减灾国际交流与合作。其中，社会减灾要求“积极推动救灾捐赠工作的经常化和社会化，提倡民间的互助互济活动，鼓励社会团体广泛参与减灾工作”，社区在灾害管理中逐步发挥作用。但是，这个规划本身也存在着不少问题。在 2007 年 8 月，在综合考虑各方面因素的基础上，停止了对该规划的贯彻执行，颁布了新的《国家综合减灾“十一五”规划》，新的规划为新形势下的救灾减灾事业提出了明确的要求和任务，继续推动中国的救灾减灾事业向着更高水平的层次发展。该规划指出“各级灾害管理人员业务素质还需进一步提高，面向基层乡村社区的减灾科普宣传有待进一步深入，社会公众减灾意识仍较薄弱”，提出要“加强城乡社区减灾能力建设”，把“加强城乡社区减灾能力建设”和“社区减灾能力建设示范工程”作为八大任务和八大工程之一。具体而言，要推进基层减灾工作，开展综合减灾示范社区创建活动。完善城乡社区灾害应急预案，组织社区居民积极参与减灾活动和预案演练；不断完善城乡社区减灾基础设施，全面开展城乡民居减灾安居工程建设；强化减灾避难功能，在多灾易灾的城乡社区建设避难场所；建立灾害信息员队伍。加强城乡社区居民家庭防灾减灾准备，建立应急状态下社区困难群体保护机制；全面提高城乡社区综合防御灾害的能力。2011 年，在肯定了“十一五”规划所取得的成绩的基础上，《国家综合减灾“十二五”规划》继续在灾害应急预案、预案演练、基础设施建设、避难场所设置、灾害信息队伍建立等方面指导社区减灾建设，强调社区在防灾减灾中的作用。这个时期，社区在灾害管理中的地位逐步确立。本文所指的中国现代的社区灾害管理特指综合科学管理阶段的社区灾害管理。

一、价值理念

（一）以人为本、安全第一

以人为本，应当追求安全第一，因为离开了安全，人的发展与尊严便无从谈起。因此，一切防灾减灾措施都应当是为了人类自身的安全，救灾减灾应当以安全作为出发点与落脚点。安全第一的理念背后，实际上是生命至上，它包括四层含义：一是对所有人的生命与健康都应当倍加珍惜，因为生命于人生毕竟只有一次，健康问题必定影响终生；二是以维护人的生命安全与健康作为防灾减灾的基本出发点，应当采取一切有效措施来避免与减少各种灾害事故对人的生命与健康的威胁；三是灾害发生后应当救人优先，这是人类对自身安全需求的真切反映；四是应当确保工程、房屋建筑物、财产与环境安全，减少其对人的安全危害，如地震灾害是导致建筑物破坏和坍塌的主要灾种，而建筑物破坏和坍塌是造成人员伤亡的主要致因[①]。在一个安全社区中，往往存在一套完善的机制和程序，确保社区有能力持续改进安全绩效，保障居民安全、健康，最大限度预防和降低事故及伤害。安全社区建设有三个目的：一是最大限度地降低和减少事故以及人身伤害；二是加强安全生产的双基建设，即基层建设和基础建设；三是提高人的安全意识，以及安全行为能力。这三个目的既包括软件方面的建设又有硬件方面的建设，最终目的是把社区事故降下来，把人身伤害降下来，把社区安全的程度和素质提上去[②]。安全社区建设的目的对减少社区内的人为灾害和防御社区内的自然灾害提出了要求。

（二）预防优先、综合治理

作为重要社会基层组织形式的社区，人口和财产密集程度高，是社区居民生活的物质载体。在社区中，居民活动频繁，出现各类灾害的风险较高，灾害造成的破坏性和社会影响大。切实做好社区的防灾减灾工作是实现人们与生存环境和谐共处的重要内容，也是关爱我们自身生命财产安全的重要内容。社区救灾减灾工作应当坚持“以防为主，防、抗、救相结合”的价值理念，即主动防范的防灾减灾理念，具体体现在如下三个方面：一是以积极的心态应对各种灾害问题，不能在灾害面前听天由命、无所作为，而是需要树立从我做起、从现在做起的积极、自主的防灾减灾意识。二是以主动应变的行为来应对各种灾害问题，不能被动地临灾应对，也不能在灾后抱着“等、靠、要”的心态来改变灾害后果，而是需要重视各种应急预案，重视防范与规避灾害的发生，并努力依靠自身力量或自主参与机制来减少灾害发生和承担灾后损害后果。三是将“自力更生、生产自救”与“一方有难，八方支援”有机结合。计划经济时代因过分强调“自力更生、生产自救”而拒绝外援固然不对，但由政府包办、过于突出“一方有难，八方支援”也可能成为影响灾区自救、自保能力提升的负面因素[③]。加强社区防灾减灾工作，使活跃在社区里的各个主体，包括居民、企业、

① 郑功成:《综合防灾减灾的战略思维、价值理念与基本原则》,载于《甘肃社会科学》2011年第6期。

② 安清:《“安全社区”的文化建设诉求》，载于《中国减灾》2011年第19期。

③ 同①。

社会组织、基层政府等结成一种合作关系，在灾害面前具备基本的“自救”、“互救”能力。一旦发生灾害事故，处在第一时间、第一现场的社区居民在救援人员到来之前，通过自救互救，就能争取到一段宝贵的时间。“预防优先，综合治理”的价值理念强调了应当完善综合减灾工作组织与管理机制、开展灾害风险评估、制订综合灾害应急救助预案、开展减灾宣传教育与培训活动、建设社区防灾减灾基础设施、提升居民减灾意识与避灾自救技能、开展社区减灾动员与减灾参与活动、健全管理考核制度以及规范档案管理等多个方面。

二、主要内容

（一）救灾体制建设

在社区内成立以政府、社区、驻区单位为主导，社会组织、志愿者、社区居民协调配合的应急管理格局。通过建立防灾减灾指挥部、细化工作预案和加强制度建设三个方面进行组织机构建设。

1. 建立防灾减灾指挥部。建立以政府、社区或驻区单位为主导的指挥中心，以居民小组长、各楼楼长等为骨干力量的社区应急反应队伍，组建防灾减灾志愿队、救助保障队、物资保障队、应急救援队和灾害巡查队等义务队伍，负责传达预警信息、引导居民疏散、提供后勤服务与转移伤病人员等工作，统一配备防护装备、通信设备、救护器材，并对他们定期开展学习培训及实地演练，使他们掌握一定的救灾知识和技能。

2. 细化工作预案。针对可能出现的火灾、地震、群体上访、聚众斗殴、重大治安和刑事案件以及公共卫生事件等突发情况，修订和完善各类应急预案，明确责任人，明确响应程序，明确应对方法。建立应急信息动态管理、灾害点及危险源监测预警、应急资源及队伍等应急管理制度，定期组织开展灾害点、危险源检查。

3. 加强制度建设。结合社区实际情况，研究制定防灾减灾学习培训制度、志愿者演练制度、防灾减灾救灾工作值班制度、定期检查灾害隐患制度、应急避难场所管理制度等各项防灾减灾救灾工作制度。

（二）基础设施建设

在减灾基础设施建设方面，通过人防、物防和技防三个方面整合社区资源，夯实社区减灾基础设施，使社区资源共享，建立社区防灾减灾安全屏障，提高社区灾害自救能力，从而确保社区居民生命财产安全。

1. 人防，即应急队伍建设。建设应急队伍、提高应急处置能力是社区防灾减灾的一项重要任务，包括综合应急队伍建设和志愿者队伍建设。一是建立一支综合应急队伍，提高先期应急救援能力。队伍可以由社区民兵、辖区单位治安员、党员及入党积极分子、退伍士兵、共青团员和其他青壮年居民等人员组成，负责各类突发公共事件的先期应急救援。他们定期接受培训，一旦发生灾害，便可依据救灾知识迅速投入到应急救援之中，为成功应对灾害赢得宝贵的时间。二是组建一支应急志愿者队伍，可以由社区工作者、物业小区保安、社区医护人员、待业的大学生、离退休职工和低保人员等组成。这些人员在灾害发生时分组参与抢险、转移、医疗与后勤等工作。

2. 物防，即完善基础设施。一是建立社区应急临时避难场所和紧急救援庇护中心，并配备一系列救生设备和应急生活物资，如消火栓、消防水带、灭火器、照明灯、防寒衣、药品、食物、食用水等，最大限度保障防灾减灾工作的有效进行。二是在居民集中区域设立应急疏散示意图，详细标识社区隐患建筑和灾害风险避难所位置、避难场功能分布图、安全转移路线、救灾物资储备点，方便社区居民在遇到各类灾害时，及时进行应急转移。三是建立小型救灾应急物资储备仓库，储备一定数量的救灾应急物资，如防汛用的编织袋、救生绳、铁锹、手电筒、橡皮汽船等；防火用的灭火器、消火栓等；救灾应急用的衣被、简易床、帐篷等，并与附近超市签订救灾应急物资供应协议，确保灾害发生后，随时提供救灾应急物资供应。

3. 技防，即实行科技减灾。建立数据化信息系统，为减灾救援工作提供重要的信息和数据依据。具体而言有以下几种：一是建立防灾减灾救援网站，利用互联网的普及性、方便性，将居民疏散路线图集、紧急避难场所地图、紧急联系电话等信息在网站上公布，让社区居民在平时可以自行学习减灾防灾知识。二是为困难群体建立电子档案，针对社区儿童、老年人、大病患者、残疾人等困难群体减灾意识差、避灾能力不强的情况，分别建立了电子档案，实行动态管理，落实专人负责，对以上人员实行重点救助。三是创立一个危房信息库，掌握社区内危房、房产、居民等情况，制定并填写各类信息、统计、汇总表格，建档造册，分类管理，创建危房灾害信息库，为减灾救援工作提供重要的信息和数据依据。

（三）科普宣传

通过科普宣传，使社区居民通过不同形式、不同场合更多地了解减灾知识，提高防灾减灾救援意识，构建社区防灾减灾文化氛围。

1. 进行防灾减灾宣传。注重提高居民在灾害发生时自我保护的意识，开展防灾减灾宣传教育活动。将防灾减灾教育引入课堂，在社区附近的学校宣传防灾减灾知识，学校能利用主题班会、观看纪录片等向学生们讲述防震、抗震知识，提高儿童面对突发灾害时逃生和自救的意识，并组织居民参加防灾减灾讲座；将减灾教育引入社区，社区充分利用宣传栏、展板等形式，在社区举办的各项活动中及时展示，在潜移默化中，使居民掌握家庭防火、楼房避震等防灾知识和防护技能，提高居民避险逃生，自救、自护意识，抵御和应对紧急突发事件的能力，提高防灾意识，设置电子显示屏，定期滚动播放防灾减灾知识；将减灾教育引入家庭，把防灾减灾知识印制成册，发放到各家各户，向社区居民宣传生活中灾害的预防、自救措施，逃生要领等知识。通过积极的宣传，使广大社区居民的防灾减灾意识得到普遍提高。

2. 组织防灾救灾技能培训。注重培养社区居民的安全行为规范以及自救互救和应急逃生技能。开办社区自救互救知识培训班，定期对社区救灾志愿者队伍和居民进行灭火、逃生、抢救和自救互救等方面的培训，进而提高社区居民的防灾减灾整体素质，增强居民应对灾害的自救互救能力。

3. 开展各类防灾减灾救援演习。组织开展包括民警治安演习，居民紧急疏散演习，邻里互救方案演习，救援儿童、老人、病患、残疾等困难群体演习，民兵救援演习，应急器材使用方法演习，危房倒塌搜救演习等内容的一系列应急演练活动。通过救援演习，建立起民众合力互救的防灾减灾机制，做到消防、民警、救灾、志愿者队伍和社区居民各方配合默契，并熟悉防灾减灾紧急预案的具体实施细节，掌握灾难预防避险的实用技能，从而全面提高社区防灾减灾救援能力。

三、主要特征

改革开放以来，中国经济实力的增强为构建社区灾害管理提供了坚实的物质保障。随着中国社区综合体制改革的扎实推进、法治化进程的逐步深入和中央和地方对社区建设的扶持力度，社区灾害管理具备了良好的体制环境、法制环境和政策环境。中国的社区灾害管理呈现出新的特点。

1. 社区灾害管理对象的范围更宽泛。由于城市和乡村的自然环境、人文环境不尽相同，城市和乡村的灾害也有所不同，但都包括自然灾害和人为灾害两大方面。随着经济社会的发展，新的灾害出现在人们的视野中，灾害的范围跟过去相比更宽泛了。自然灾害包括地震，滑坡、泥石流、崩塌，暴雨、洪涝，雷电，台风、风暴潮，寒潮、暴雪，冰雹，沙尘暴(乡村社区为大风、沙尘暴)，高温热浪(乡村社区为高温干旱)，雾霾(城市社区特有)，农作物病虫害(乡村社区特有)，等等。人为灾害包括火灾，食物中毒，煤、电、气事故，交通事故，盗窃、诈骗、抢劫、拐卖，传染病，环境污染事故，踩踏等其他事故，等等。增多的灾害种类，对社区灾害管理提出了更高的要求。因此，灾害管理主体范围、活动内容、人力和物资需求也有了不同程度的扩展。

2. 救灾主体多元化。新中国成立以后，中国政府高度重视救灾工作，在制定救灾政策法规、议定救灾方案、协调救灾行动、抢救生命财产、发动社会捐赠、管理救灾款物、安排受灾群众生活、维护灾区稳定、组织灾后重建等方面都发挥了主导作用。1994 年分税制改革以后，中国建立了救灾分级管理的新体制，其核心内容是对中央政府和地方政府在救灾款物的投入上明确分工，这时候的社区灾害管理工作依然是由政府独自包揽。1998 年，中国政府颁布实施了《中华人民共和国减灾规划(1998—2010 年)》后，救灾主体变得多元。社区、驻区单位、非政府组织、志愿者和社区居民积极参与到社区的救灾减灾活动中，与基层政府协调合作，逐步形成“一主多元”协调合作的组织架构。“一主”即政府作为社区灾害管理的主体，“多元”即社区自治组织、驻区单位、非政府组织、志愿者和社区居民在政府的领导或授权下，以某种形式在救灾减灾中相互协调配合。

3. 救灾资源丰富，资源使用效率提高。救灾资源主要包括三个方面，一是救灾的人力资源，二是救灾的物资资源，三是将救灾人力和物资直接投入救灾工作的辅助资源[①]。救灾的人力资源主要包括两部分，一是可动员参加抗灾自救的组织机构和人员；二是新增加可动用的救灾力量，如解放军和武警部队、受过训练的或有专业技能的志愿者、当地的红十字会组织等。救灾的物资资源主要是指解决受灾群众衣食住治的物资，主要是食物、临时住房和医疗设施。救灾的辅助资源

① 《救灾资源的准备》，载于《中国减灾》2001 年第 3 期。

是指使救灾的人力资源和物资资源能够及时有效投入救灾工作的资源或工具。主要是通信工具、运输工具及动力保障工具。如一般在省级电信部门才可能有的移动通信车，其他还有如海事卫星电话、紧急供电设备、需协调调用的空投物资的直升机等。1998 年，民政部、财政部联合下发了《民政部、财政部关于建立中央级救灾物资储备制度的通知》，要求中央和地方以及经常发生自然灾害的地区都要储备一定的救灾物资，并对中央级救灾储备物资及经费使用管理等事项作了具体解释。该通知对救灾资源的增加和资源使用效率的提高具有积极意义。经济的发展为救灾物资的储备提供了坚实的物质基础，加上社会援助和国际援助增多，救灾资源变得丰富。在规范救灾款物上，一系列法律法规对救灾捐赠的受赠人、捐赠款物的使用范围、捐赠款物的接收、救灾捐赠款物的管理和使用等环节作了具体的规定，这就促进了救灾资源使用效率的提高。

4. 救灾法制进程加快。从 1998 年颁布实施的《中华人民共和国减灾规划(1998—2010 年)》明确提出区域减灾和社会减灾以来，在国际大环境和国内灾害状况的推动下，中央和地方政府陆续制定了一系列有关社区减灾的法律法规。《国家突发事件应急预案》、《国家综合减灾“十一五”规划》、《国家综合减灾“十二五”规划》、《中华人民共和国防震减灾法》、《中华人民共和国突发事件应对法》、《关于加强地质灾害防治工作的决定》、《关于加强地质灾害防治工作的决定》、《自然灾害救助条例》、《气象灾害防御条例》、《关于加强气象灾害监测预警及信息发布工作的意见》等法律法规都涉及社区灾害管理的内容。多个国家部委出台了涉及社区减灾的部门规章，如《城乡建设防灾减灾“十二五”规划》、《国家减灾委员会关于加强城乡社区综合减灾工作的指导意见》、《国家减灾委员会办公室关于下发〈全国综合减灾示范社区标准〉的通知》等。地方政府也因地制宜地制定了地方层面的政策法规，如《广东省突发事件应对条例》、《甘肃省防震减灾条例》、《江苏省综合减灾示范社区标准》等。

5. 救灾工作不断社会化。救灾工作社会化是一场全民总动员的社会参与，即在政府的号召和指导下，民间社会组织与个人积极呼应，围绕救灾相关的工作，作出专业性或者非专业性的贡献，使救灾真正成为社会每个成员的责任[①]。要实现救灾的社会化，需要政府进行自我评估，找准自己的角色定位，正确处

① 蒋积伟:《新中国救灾工作社会化的历史考察》,载于《当代中国史研究》2010 年第 6 期。

理与社会各阶层的关系，留下足够的政治、经济、社会空间以容纳并激励民间力量的正当发展。从1998年的特大洪涝灾害到2008年的汶川特大地震，非政府组织在捐助过程中发挥了重要作用。非政府组织具有政府部门所不具有的优势，如能够接近社会基层中易受损害的群体、具有较强的组织能力和人才优势、风险的承受能力比个人大、能深入社会基层的公民中等。非政府组织是非营利性组织，因此它不会受利益的驱动，能够在处理纠纷上保持中立的态度，这些优势都使得非政府组织在涉及公众利益的事务上可以发挥重要作用。伴随着经常性社会捐助活动向制度化、规范化的过渡，以政府为主导、社会积极参与的救灾格局已经基本形成，非政府组织作为社会参与的一部分，在救灾工作中也发挥着越来越重要的作用①。独立调查研究、发放救灾款物、从事救灾教育、进行社会募捐、进行国际交流和国际援助、开展救灾理论研究等，都是非政府组织在救灾领域所能发挥的作用。

四、形成脉络

1998年长江发生的继1954年以来又一次全流域性的大洪水，这场洪水量极大、涉及范围广、持续时间长、洪涝灾害严重，造成了严重的经济损失。在1998年的特大洪灾之后，我国民间组织与社会成员的力量开始在救灾工作中崭露头角，救灾工作开始社会化。在救灾工作中逐渐形成了以政府动员为主、民间动员为辅的社会动员格局。灾害救助中的社会动员方式就是指“动员主体基于某一社会目标对社会成员进行动员的方法和形式”，有“组织化”和“社会化”两种基本方式②。“组织化”的动员即政府动员，表现为行政动员采用的政治动员、组织动员、传媒动员等三种主要方式；“社会化”的动员即民间动员，采用的是团体内部动员、街头动员、网络动员等三种方式，它们分别在政府动员与民间动员当中得到不同程度的融合③。社区动员是政府组织动员的一种形式，也是依附于行政体制的网络进行的，是一种自上而下的行政动员。但是，社区动员又

① 蒋积伟:《新中国救灾工作社会化的历史考察》,载于《当代中国史研究》2010年第6期。

② 朱力、谭贤楚:《中国救灾的社会动员机制》，载童星、张海波主编《灾害与公共管理:第四届两岸三地人文社科论坛论文集》，南京：南京大学出版社2010年版，第292页。

③ 同②。

与传统的组织动员不同，社区动员借助基层的行政组织，如街道、居委会等进行，可以覆盖到体制以外的人员，即全体社区成员甚至流动人口[①]。现代社会中民间社会组织的出现及发展，既是社会发展的一种必然，又为灾害管理向综合科学管理阶段迈步提供了现实基础。社会组织不仅在危机应对的第一阶段发挥了积极功能，在灾后重建中更是一支不可或缺的力量。在这个过程中，社区在灾害管理中的作用逐渐凸显，政府、民间组织及个体公民通过制度化的社会动员机制和参与平台，实现了对灾难的有效预防和协同治理。

这种社会化的救灾方式在汶川特大地震后得到加强。2008 年 5 月 12 日，中国四川汶川发生里氏 8.0 级特大地震，接着发生泥石流、堰塞湖等次生灾害，四川省 20 个市（州）不同程度受灾，甘肃、陕西、重庆、云南等省（直辖市）部分受灾。在四川汶川地震灾害中，涌现出了以民间自发组织及小型志愿者群体为形式的社会救助力量。民间组织和志愿者可以分为四类：一是具有较强官方色彩的社会组织，如中国红十字会、中华慈善总会；二是各种民间公益基金会，如南都公益基金会、李连杰“壹基金”；三是各类注册的或没有注册的临时性的草根 NPO，如 CRV 车友会、登山协会、无线电协会，QQ 群的网友、社区业主等；四是各种自发的志愿者。相对于以前的灾难中，一类和二类组织都一直是活跃的力量，而在这次救灾中，三类和四类组织与个体则凸显了出来[②]。这些社会组织在汶川地震的生命救援过程中发挥了重要作用。他们深入灾区第一线抢救生命、组织受灾群众自救并安置受灾群众，积极发动社会各界力量，募集了大量的救灾款物，同时还为灾区人民和救灾人员，特别是老弱妇孺等困难群体提供各种个性化服务，发挥救灾助手作用，成为抗震救灾的生力军。在综合科学管理阶段，社会化的救灾不是资源的新增，而是资源的重新配置和集中，以便为救灾工作的顺利开展，创造有利的物质文化环境与服务平台。作为一种社会管理方法，社会动员是有效控制和应对自然灾害的方式之一，它可以在短时间内动员起社会各方面的资源与力量，形成灾害救助的巨大社会合力[③]。

---

① 朱力、谭贤楚：《中国救灾的社会动员机制》，载于童星、张海波主编《灾害与公共管理：第四届两岸三地人文社科论坛论文集》，南京：南京大学出版社 2010 年版，第 292 页。

② 同①，第 294 页。

③ 张义烈：《灾害救助需创新社会动员机制》，载于《中国社会导刊》，2008 年第 22 期。

小 结

灾害不仅直接破坏生产力，影响经济的发展，而且影响社会的稳定，甚至引起社会的动乱，阻碍社会的进步和发展。自古以来，历代政府都十分重视救灾抗灾，从古代到现代，在社区范围内的救灾是一个演进的过程。在中国古代，在财政由州政府统筹的朝代，县的救灾没有自主权，需要向州汇报，经州一级的官员勘察后才向县发放救灾款粮。在中国近代，由于灾荒频发和官赈不力，加上民族资本主义经济的发展，近代义赈在江南地区兴起，江南绅商自行组织劝赈、自行募集经费，并无偿向灾民直接散发救灾物资。县域范围的社区开始出现有组织、有规模的救灾。伴随着教会在重灾区的救灾，西方的科学救灾思想开始传入中国。民国时期，许多新成立的社会团体基本上都借鉴了西方的科学救灾思想，并延续了江南绅商义赈的传统。新中国成立以后，中国的灾害管理制度先后进行了四次重大变迁。1949—1978 年初步形成阶段、1978—1989 年恢复和调整阶段和 1989—1998 年改革与发展阶段，这三个阶段其实只是经历了以中央政府为唯一责任主体到中央和地方分级管理的演变，而现代意义的社区并没有在防灾救灾中发挥作用，政府作为唯一主体负责防灾和救灾工作。第四个阶段 1998 年以后，随着“十一五”规划和“十二五”规划的颁布实施，社区开始在灾害管理中崭露头角，中国救灾工作的社会化进程不断加快。

总体而言，随着社会经济的不断发展和人们对大自然的认识不断加深，人们对灾害的认识和救灾能力在不断提高，社区灾害管理先后经历了古代社区[①]的无序救灾、近代社区的规模救灾和现代社区的科学救灾三个阶段（见表 1-1）。

---

① 古代和近代的社区与现代意义的社区不同，古代和近代是指县域范围的地区，现代社区是指一定地域范围内的生活共同体，如行政村、街道办事处辖区。

表 1-1　中国社区灾害管理的演进

	古代	近代（晚清及民国）	现代
价值理念	天命主义、消极救灾防灾 强调赈济、调粟、养恤、除害、安辑、蠲缓、放贷、节约等	消极救灾到主动防灾 强调重农固本、仓储备荒、兴修水利、林垦调水等	安全社区、和谐社区、综合减灾示范社区
救灾内容	巫术救荒、临灾治标、灾前防灾	巫术救荒逐渐式微，灾后赈济、主动防灾为主	从抗灾救灾为主转向减灾防灾为主，从事后救济转向全面救助
产生原因	迫于残酷现实和维护统治阶级地位的需要	生产力的发展和统治阶级的利益需要	国际减灾行动和文件的推动，以人为本的价值理念
灾害范围	水灾、旱灾、地震、雹灾、风灾、蝗灾、疫灾、霜雪灾、饥灾，以水灾和旱灾为主	自然灾害：水灾、旱灾、地震、雹灾、风灾、蝗灾、疫灾、霜雪灾、饥灾，以水灾和旱灾为主 人为灾害：火灾、战争	自然灾害：地震，滑坡、泥石流、崩塌，暴雨、洪涝，雷电，台风、风暴潮，寒潮、暴雪，冰雹，沙尘暴，高温，雾霾，农作物病虫害 人为灾害：火灾，食物中毒，煤、电、气事故，交通事故，盗窃、诈骗、抢劫、拐卖，传染病，环境污染事故，踩踏等其他事故
救灾内容	主要解决饥荒和疫病问题，灾前防御、灾后重建、流民安置处于次要地位	主要解决饥荒和疫病问题，灾前防御、灾后重建、流民安置逐渐被重视	为灾民提供食物、临时住房、医疗设施、通信工具、电、水等，注重防灾减灾与全面救济
救灾主体	官府、宗族、佛寺	官府、宗族、绅商、教会、民间组织	政府、社区、驻区单位、非政府组织、志愿者、社区居民
救灾资源	官府提供的粮食和银钱，宗族的救济，富户和佛寺施粥	官赈、义赈、教赈，主要向灾区发放粮食和钱款	政府拨款、非政府组织的募捐、国际援助、个人捐款等，除了物资资源，还有无国界医生、学者等人力资源
救灾环境	简单	逐渐复杂	复杂

续表

	古代	近代（晚清及民国）	现代
救灾法制	无法制，取决于明君和贤臣的个人决断	有法制，但是得不到有效落实	有法可依，法制化进程不断加快
社区的地位	社区不承担救灾责任，社区范围内有零散的、小规模的救灾	社区不承担救灾责任，社区开始出现有规模的、连续的救灾	社区在政府的领导或授权下，以某种形式在防灾减灾中与其他主体协调配合
社会化程度	低	高	社会化进程逐渐加快

从上述中国社区灾害管理的三个阶段可以看出，在中国近代，救灾工作的社会化程度很高，这是由于民国时期社会团体的蓬勃发展。在民国时期，不断壮大的近代新式资本主义经济实力，尤其是城市工商业的发展，奠定了救灾社会化的物质基础。西方思想的传入，使民间社会力量由分散走向联合，形成具有自主观念、自觉精神、社会责任意识的各阶层力量的联合，他们成立各种社会团体，在救灾中发挥积极作用，民国政府也留下了足够的政治、经济、社会空间以容纳并激励民间力量的正当发展。新中国成立以后，计划经济体制限制了救灾工作的社会化。改革开放以后，伴随着计划经济向市场经济的逐步过渡，中国的救灾体制发生较大的变革，救灾工作的社会化进程不断加快，非政府组织越来越多地涌现出来，成为一支越来越受重视的力量，这将会有力推动社区灾害管理的规范化、精细化和人性化。

第二章　社区灾害管理制度概述

社区灾害管理是应对灾害的一种新型思路，对于防灾、减灾具有重要意义。我国的灾害管理工作，从最初的政府主导一切的管理模式发展成为现在的以社区为主体进行灾害管理的模式，经历了许多的制度调整。在这个发展过程中，相应的制度体系不断健全，其中包含了“一案三制”、方针政策等，这些共同构成了我国社区灾害管理制度。完善的制度体系是社区灾害管理工作有序开展的重要保证。

第一节　制度的产生与发展

近年来，受全球气候变化等多方面因素的影响，自然灾害的发生频率及其造成的损失逐年攀升。为了有效应对各种灾害，国际组织及各国和地区政府都进行了积极有效的探索，提出了“安全社区”、“防灾型社区”等先进理念。各国和地区政府也积极建立社区灾害管理体制，对本国和地区的社区灾害管理工作起了积极的引导作用。

如第一章所述，新中国成立之前，我国的灾害管理主要是政府发挥主导作用，以政府为主体调动人力、物力资源进行救灾。此外，早期的社会团体、乡绅、地方组织等也都曾参与到灾害管理之中，在政府灾害管理之外发挥着补充作用。新中国成立之后，我国出台了一系列的政策法规来应对严重的自然灾害和经济发展所带来的人为灾害。同时，“国际减灾十年”等一系列大事件，也对我国以社区为主的灾害管理起了重要的推动作用。在这些背景因素的影响下，我国的灾害管理模式逐步发生改变。从中央政府为主体进行救灾，到各级政府、各级人员共同参与；从简单的救灾行为，到综合防灾、减灾，灾害管理模式不断适应客观实际需求。下文就结合不同时期的背景因素，阐述我国社区灾害管理制度的产生与发展。

一、减灾十年行动

（一）国际减轻自然灾害十年

1987年，在认识到防灾减灾对世界各国特别是对发展中国家有重要意义的基础之上，第42届联合国大会通过并形成第169号决议，决定把20世纪的最后十年定为“国际减轻自然灾害十年”（International Decade for Natural Disaster Reduction，IDNDR）。决议倡导各国一致行动，以此减轻自然灾害所带来的生命、财产损失，并号召各国政府成立本国减轻自然灾害的国家委员会，为本国与国际社会的减灾活动搭建交流的平台。在该方针的影响下，1989年12月第44届联大通过了《国际减轻自然灾害十年国际行动纲领》，要求各国政府积极参与在这十年期间组织的国际减轻自然灾害行动，鼓励各国政府制订国家减灾方案。

该行动纲领，首次在国际上提出了“加强社区备灾能力”，为社区灾害管理的产生奠定了基础。第44届联大上，还规定每年10月的第二个星期三为“国际减灾日”。自“国际减轻灾害十年”的活动启动以来，各类减灾运动在世界各地蓬勃开展起来，多国政府都积极参与，通过一致行动尽力避免和减轻灾害造成的财产损失和人员伤亡。随后，国际减灾十年委员会通过一系列会议和活动，逐步推动社区灾害管理模式的确立。

国际减灾十年结束后，“国际减灾战略”作为其延续，继续承担国际减灾事务，并形成了由联合国主要部门、区域减灾机构和民间及非政府组织共同组成的减灾机制。

（二）横滨战略与其行动计划

国际减灾十年的确立及其运行，证明联合国和国际社会有能力减轻自然灾害所带来的苦难。但是1987年到1994年间的部分行动，仅取得了事倍功半的微小成果，也让国际减灾十年委员会意识到需要采取行动来改变困境。在此背景下，国家减灾大会于1994年5月在日本横滨召开。

这个会议吸收多个非政府组织、国际组织、科学机构、商业和工业组织及传媒机构一起积极参与，使得参会主体多元化。会议在充分考虑世界自然灾害现状和社区减灾作用的基础上，通过了“横滨战略与其行动计划”。这个计划规定了“减灾十年”余下五年的行动方向及原则，倡导各国一起行动起来，建立一个安全少灾的世界。

“横滨战略与其行动计划”对后来的减灾活动影响较大的指导原则有，强调了灾害风险评估的重要性，提高了人们对此的理解与接受程度；倡导减灾立法，或制定相关政策，突出综合减灾的重要性；重视减灾知识管理和教育能力改善；强调政府与民众的减灾管理具有同等的重要性，提高了社区减灾的地位[①]。

（三）国内减灾十年制度建设

1. 中国国际减灾十年委员会

1989 年 4 月，为响应第 42 届联合国大会第 169 号决议的倡导，中国国际减灾十年委员会成立。该委员会为国家级委员会，属于部际协调机构。中国国际减灾十年委员会下设办公室和专家委员会，并建立自然灾害管理中心和若干区域中心，负责组织减灾技术培训、信息交流、灾害评估，为政府救灾减灾提供决策依据。2000 年 10 月，中国国际减灾十年委员会更名为中国国际减灾委员会。2005 年 4 月 2 日，国务院办公厅下发了《国务院办公厅关于中国国际减灾委员会更名为国家减灾委员会及调整有关组成人员的通知》，决定将中国国际减灾委员会更名为国家减灾委员会，负责研究制定国家减灾工作的方针、政策和规划，协调开展重大减灾活动，指导地方开展减灾工作，推进减灾国际交流与合作。

中国国际减灾十年委员会的成立，对我国减轻自然灾害损失、促进经济和社会发展作出了重要贡献。该机构将国内减灾与国际减灾结合起来，有助于我国借鉴国际先进的减灾经验，学习先进的减灾方法，更好地进行灾害管理。此后，我国积极参与到国际社会组织的一系列减灾活动当中，成为国际减灾十年的重要组成部分。

2. 制定《中华人民共和国减灾规划（1998—2010 年）》

在我国自然灾害严重的现实需求与“横滨战略与其行动计划”的指导下，我国政府于 1998 年 4 月 29 日制定并公布了《中华人民共和国减灾规划（1998—2010 年）》。它是我国制定的第一部国家级减灾规划，在日后相当长的一段时间

---

① 史培军、郭卫平、李宝俊、郑璟、叶涛、王瑛、刘婧：《减灾与可持续发展模式——从第二次世界减灾大会看中国减灾战略的调整》，载于《自然灾害学报》，2005 年 6 月第 3 期。

内都是我国减灾工作的基本依据[①]。这一规划结合了我国自然灾害的特点、总结了以往减灾工作的经验和教训，以期通过建设一批对国民经济和社会发展具有全局性、关键性作用的减灾工程，广泛运用减灾科技成果，提高全民减灾意识和知识水平，建立比较完善的减灾工作运行机制，减轻各种灾害对我国经济和社会发展的影响，来使得灾害造成的直接经济损失率明显下降，人员伤亡明显减少。在此基础上，我国又先后颁布了《国家综合减灾“十一五”规划》和《国家综合减灾“十二五”规划》，将我国五年规划机制纳入正轨。

3. 颁布和实施一系列的法律法规

在依法治国基本方针和“横滨战略与其行动计划”的指导下，我国在减灾十年内，颁布了:《中华人民共和国水土保持法》、《中华人民共和国防震减灾法》、《中华人民共和国消防法》、《中华人民共和国防洪法》等国家法律[②]。国际减灾十年对我国减灾工作将法制化纳入轨道起了促进作用。

二、“安全社区”建设

在联合国确定“国际减轻灾害十年”的方针的两年之后，世界卫生组织于1989年召开了首届事故与伤害大会，通过了《安全社区宣言》，界定了“安全社区”的标准。1994年召开的第一次世界减灾大会明确提出了“社区减灾”的各项任务，认为在任何人都有享受安全权利的基础上，“安全社区”应当拥有保障安全的意识、技能、设施条件、预警系统、预防体系和工作网络。近年来开展的“中国减灾世纪行”和“社区减灾平安行”等活动，为推进社区减灾工作向深度和广度发展提供了不可多得的机遇。

所谓“安全社区”，是将社区内的各个不同组织，包括政府部门、商业机构、学校、医院及社会服务团体等紧密地连接起来，利用各自的资源及服务能力，为社区居民提供一个安全、健康、舒适的工作及生活环境的社区建设模式[③]。这个概

① 中国国际减灾十年委员会:《中国国际减灾十年报告——行动与展望》,载于《中国减灾》,1999年第4期。

② 同①。

③ 金磊:《中国安全社区建设模式与综合减灾规划研究》,载于《城市安全规划》,2006年第30期。

念，是在 1989 年世界卫生组织（WHO）第一届事故与伤害预防大会上正式提出来的。《安全社区宣言》指出：任何人都享有健康和安全之权利。从此，推广安全社区概念就成为 WHO 在全球范围内推广健康和安全方面的一个重点工作。

在国际社会安全社区的推动之下，我国政府于 2006 年发布了《全国“减灾示范社区”创建标准》，提出了减灾示范社区的十大标准，要求各地结合实际开展创建活动。2008 年 2 月，民政部首次在全国命名了 100 个综合减灾示范社区。2008 年 12 月，民政部第二次在全国命名了 184 个综合减灾示范社区，2009 年，又有 600 个社区参与评选，民政部命名了其中 400 个社区为综合减灾示范社区。自此，社区减灾政策在中国得到了一定程度的实现。但是，从长远来看，中国的社区减灾仍面临着一些挑战。

（一）世界安全社区

根据 WHO 关于安全社区的概念，一个安全社区首先是一个地方社区，这个地方社区至少应该具备两个条件：一是制订针对所有居民、环境和条件的积极的安全预防方案；二是拥有包括政府、卫生服务机构、志愿者组织、企业和个人共同参与的工作网络，网络中各个组织之间紧密联系，充分运用各自的资源为社区安全服务[①]。根据这一概念，安全社区并非仅仅以社区的安全状况为评判指标，而是指一个社区是否建立了一套完善的程序和框架，使之有能力去完成安全目标。安全社区的推广对象涵盖社区内所有人士，不分年龄、性别和职业，目的是要凝聚社区内的各方力量，推动整个社区的安全与健康，让居民不论是在工作场所、日常生活中，还是在娱乐、运动场所及在医院、学校，都能保证安全和健康，最大限度地避免职业伤害、日常生活中的伤害甚至暴力及自杀等各种意外。从世界各地安全社区的开展情况看，一个安全社区可能是单独一个城市，也可能是某个城市所辖的行政区，还可能就是一个小的居民小区，社区规模小的只有 2000 人，大的达到 200 万人[②]。

WHO 规定，国际安全社区须符合以下六大标准：（1）有一个负责安全促进的跨部门合作的组织机构；（2）有长期、持续，能覆盖不同性别、年龄的人群和

---

① 金磊：《中国安全社区建设模式与综合减灾规划研究》，载于《城市安全规划》，2006 年第 30 期。

② 同①。

各种环境及状况的伤害预防计划；（3）有针对高风险人员、高风险环境，以及提高脆弱群体的安全水平的预防项目；（4）有记录伤害发生的频率及其原因的制度；（5）有安全促进项目、工作过程、变化效果的评价方法；（6）积极参与本地区及国际安全社区网络的有关活动。在六项原则之外，世界安全社区还制定了12项指标，包括交通安全、工作场所安全、社会治安安全、公共场所安全、涉水安全、防火减灾与环境安全、学校安全、消防安全、老年人安全、儿童安全、家居安全、体育运动安全。在12项指标之中，交通、社会治安、公共场所、涉水、防火减灾与环境等方面的安全标准都涉及社区灾害管理的内容。凡符合这六条准则的社区，便可向WHO申请"安全社区"称号。该称号虽不能帮助社区获得资金支持，却大大提升了社区所在地区的国际形象，并且间接提高其在国际经济交往中的竞争力。

WHO为了推广安全社区的理念，专门成立了"社区安全促进合作中心"，该中心设于瑞典卡罗林斯卡大学，主要负责在全球宣传、推广安全社区计划。目前世界卫生组织"社区安全促进合作中心"已经在加拿大、澳大利亚、新西兰、南非、孟加拉国、挪威、捷克等国家建立了14个"安全社区支持中心"。这些支援中心通过提供技术咨询、培训等协助社区成为WHO认可的安全社区。中国香港职业安全健康局2000年3月21日与WHO签署盟约成为全球第6个安全社区支援中心，中国职业安全健康协会将作为中国大陆地区的安全社区支持中心。

目前，世界安全社区这一概念在全球得到了广泛传播，各国政府都积极参与其中。以我国香港屯门社区为例，在开展安全社区建设两年后，家居伤害减少了18%，儿童伤害减少了31%，社会治安案件减少了30%，火灾减少了47%，交通事故减少了32%。安全社区的推广，极大程度上缓解了灾害带来的损失，有效地降低了伤害事故的发生率，减少了灾害发生后带来的损失。

（二）我国安全社区的建设

在"安全社区"概念的普及和世界安全社区的推广之下，我国依照世界安全社区的标准，制定了国家安全社区标准，多个省（直辖市）也参与到安全社区的建设之中，如北京、山东、浙江等省（直辖市）开展的平安社区建设，广东省开展的创建交通安全社区、消防安全社区，福建省开展的文明安全小区建设，四川省开展的安全生产示范乡镇建设等。

2006年2月27日，中国职业安全健康协会起草、国家安全生产监督管理总局发布了《安全社区建设基本要求》(标准号 AQ/T9001—2006)，该标准依据中国社区特点、安全社区和安全文化建设要求提出，参考了“平安社区”、“绿色社区”、“文明社区”等社区建设的有关要求和我国安全生产相关标准。该标准规定了安全社区建设的基本要求，旨在帮助社区规范事故与伤害预防和安全促进工作，持续改进安全绩效。标准适用于那些想要通过安全社区建设，最大限度地预防和降低伤害事故，改善社区安全状况，提高社区人员安全意识和安全保障水平的社区，供从事安全管理、事故与伤害预防和社区工作的人员使用。在该标准中，提到安全社区的基本要素有：安全社区创建机构与职责、信息交流和全员参与、事故与伤害风险辨识及其评价、事故与伤害预防目标及计划、安全促进项目、宣传教育与培训、应急预案和响应、监测与监督、事故与伤害记录、安全社区创建档案、预防与纠正措施、评审与持续改进等 12 个。这 12 个基本要素涵盖了社区灾害管理从预案制定到灾后恢复全方位的内容，是比较完整的社区灾害管理标准。

在《安全社区建设基本要求》出台之后，中国职业安全健康协会(全国安全社区促进中心)于 2010 年 7 月 20 日出台了《全国安全社区地区支持中心管理办法(暂行)》和《全国安全社区现场评定指标》(暂行)，对安全社区的评比提出了进一步的要求。2009 年 1 月 14 日，国家安全生产监督管理总局发布了《国家安全监管总局关于深入开展安全社区建设工作的指导意见》。意见指出，从《安全社区建设基本要求》规范安全社区的建设标准，到国务院办公厅印发的《安全生产“十一五”规划》和国家安全监管总局印发的《“十一五”安全文化建设纲要》都提出了建设安全社区的任务和目标，近年来全国安全社区的建设也都实现了稳步推进、有序发展。但是，我国的安全社区建设工作发展还不平衡，部分地区存在认识上的不足。为此，该指导意见要求各级政府把握指导思想，加强组织领导工作，促进安全社区的建设和发展，形成长效机制，努力实现《安全生产“十一五”规划》提出的广泛开展安全社区建设和《“十一五”安全文化建设纲要》提出的“十一五”期间创建安全社区的目标要求。该意见进一步深化了安全社区建设的重要意义，促进了安全社区的建设和发展。

(三)全国综合减灾示范社区

安全社区的标准制定与推广，也推动了我国自身综合减灾示范社区的评比与普及。在安全社区标准之后，国务院办公厅于 2007 年颁布《国家综合减灾

“十一五”规划》，明确要求在全国开展综合减灾示范社区创建活动。

全国综合减灾示范社区按照党的十七大精神，坚持以预防为主、防御和救助相结合的方针，积极开展基层社区防灾减灾工作，不断完善基层社区灾害应急预案和社区减灾基础设施建设，使得城乡社区的综合减灾能力不断提高。2009 年，在汶川地震一周年之际，国务院将每年的 5 月 12 日定为国家“防灾减灾日”。国家减灾委、民政部高度重视社区减灾工作，将第二个国家“防灾减灾日”活动主题定为“减灾从社区做起”。2010 年，国家减灾委员会办公室在对原《“减灾示范社区”标准》进行了修订完善，制定了《全国综合减灾示范社区标准》。该标准对完善综合减灾工作组织与管理机制、开展灾害风险评估、制订综合灾害应急救助预案、开展减灾宣传教育与培训活动、建设社区防灾减灾基础设施、提升居民减灾意识与避灾自救技能、开展社区减灾动员与减灾参与活动、健全管理考核制度、规范档案管理提出了要求。创建综合减灾示范社区，能够争取抗灾、救灾工作的主动权，有效降低灾害造成的损失。加强社区防灾减灾工作，使活跃在社区里的各个主体，包括居民、企业、民间组织、基层政府等结成一种合作关系，在灾害面前具备基本的“自救”、“互救”能力。一旦发生灾害事故，处在第一时间、第一现场的社区居民在救援人员到来之前，通过自救互救，就能争取到一段宝贵的时间。这段时间对保护社区居民的生命财产安全显得格外重要。

综上，为了响应国际减灾行动和应对国内的灾害，我国自 20 世纪 90 年代起开始逐步建立国内减灾防灾制度。国际减灾十年行动促成了我国减灾协调机构的建立，以及减灾工作规划和一系列法律法规的制定，从而为我国灾害管理工作构建了一个基本的制度框架；而安全社区概念的推广及实践，则更加突出社区在防灾减灾方面的作用，将防灾减灾工作缩小到了社区范围，并为社区的安全建设提供了 6 条基本准则。这为我国的灾害管理找到了着力点，自下而上完善了灾害管理制度。

第二节　制度内容

我国社区灾害管理制度在国内外环境的影响下，经历了一段较长的发展过程。就整体的灾害管理而言，制度体系也是从无到有不断发展的过程，社区灾害管理制度也在其中不断充实完善。我国现有的社区灾害管理制度可以概括为“一案三制”，即预案、法制、体制和机制。除此之外，政策方针也构成了我国社区灾害管理制度的重要内容。

一、“一案三制”

应急管理制度内容错综复杂，涉及多个方面的相互交织，但核心要素为应急预案、应急管理法制、体制和机制，合称为“一案三制”。这四个要素相互作用，共同支撑起了我国的灾害管理制度。而社区灾害管理制度也被包含在这个总体框架之下，下文就将从我国的应急管理制度出发，阐述社区灾害管理制度。

（一）预案

我国的应急预案主要有四个层次，分别是：国家总体应急预案、国家专项应急预案、省级总体应急预案、国务院部门应急预案。在这些预案中都有提到加强社区在应急救灾中的作用。

在《国家突发公共事件总体应急预案》中提到，“加强以属地管理为主的应急处置队伍建设，建立联动协调制度，充分动员和发挥乡镇、社区、企事业单位、社会团体和志愿者队伍的作用，依靠公众力量，形成统一指挥、反应灵敏、功能齐全、协调有序、运转高效的应急管理机制”，以及“要加强以乡镇和社区为单位的公众应急能力建设，发挥其在应对突发公共事件中的重要作用”。可见在国家层面上的预案，已将社区作为应急救灾主体之一，并要求其与其他社会主体建立联动协调机制。

作为国家专项预警，《国家突发地质灾害应急预案》，提出在突发地质灾害的应急工作中，要将村庄和社区的应急救援志愿者纳入应急工作的主体中去，专业应急防治工作应该由救灾队伍、武警部队、乡镇（村庄、社区）应急救援志愿者组织等共同协调完成。为了保证应急工作的成效，预案提出在平时要有针对性地开展应急防治与救灾演练，提高应急防治与救灾能力。该预案要求基层县级人民政府，制订预案，成立地质灾害抢险救灾指挥机构，制定地质灾害防治规划，完善信息上报系统，划定灾害危险区，群测群防，情况及时上报。综上，该预案吸收村庄和社区志愿者成为应急主体，明确了基层政府应当制定预案，对我国社区灾害管理的推动具有重要意义。

省级预案中，以《北京市突发公共事件总体应急预案》为例，其中提到社区的地方涉及7个方面，分别是四级应急指挥通信网络建设、应急队伍组织、急救体系构建、治安保障、安全教育培训以及减灾信息网站建设。在北京市的预案中，社区承担了更多具有操作性的职责，工作内容从预防、信息传递到救灾，全程参与到地区灾害管理中去。国务院部门应急预案，如《人感染高致病性禽流感应急预案》，与省级预案类似，社区是各个环节中不可或缺的一部分。

自2003年非典型肺炎疫情之后，我国的应急管理工作得到了很大的提升，相关的预案制度也逐步完善起来。在疫情的推动下，我国社区灾害管理体系将社区应急预案作为一个重要组成部分，各社区都出台了社区应急救助预案，以更好地应对灾害危机。目前的社区灾害应急预案主要对社区防灾减灾工作的原则、指导政策、使用方式、协调机构、应急准备、灾害信息管理和灾害救助等进行了阐述说明，成立了领导小组，包括办公室、转移安置组、监测预警组、应急处置组、后勤保障组等，并进行了科学的分工配置，合理安排。

（二）法制

社区灾害管理法律法规，主要指由国家制定或者认可的有关社区灾害管理工作的法律、法令、条例、规定、办法、规章等规范性法律文件的综合。社区灾害管理法规对现代国家的社区灾害管理起着调整、保障、规范和监督的作用，是社区灾害管理的有力工具。为了保证社区中各项灾害管理措施的落实，进行社区为主体的减灾、防灾法制教育，必须建立完善的社区灾害管理法制体系。

新中国成立60多年来，我国制定了一系列社区灾害管理的法律法规。这些法律法规都是根据宪法和有关法律规定，由具有制定颁布此类法律法规权力的国家行政机关制定，以国家强制力作为后盾。它们是国家进行社区灾害管理工作的准绳，是保障社区居民基本生活的依据，是推动社区灾害管理体系建立的动力，是改进社区灾害管理工作的指导和依据。

社区灾害管理法律法规主要包括以下几个层次：第一，宪法规范。基于法治原则的要求，绝大多数国家的宪法中都对应急管理作了较为宏观的一般原则规定，为应急法制建设提供了基本依据。第二，基本法。我国的基本法律包括民事基本法、行政基本法和刑事基本法以及诉讼法等。在我国尚未制定社区灾害管理的基本法。第三，普通法。在根本法和基本法位阶之下的是普通法律。在我国的灾害管理制度中，最高位阶的法律为普通法，包括《中华人民共和国防震法》、《中华人民共和国突发事件应对法》。这些法律中都提到社区灾害管理，并作了相应规定。第四，行政法规和地方性法规，构成了我国社区灾害管理体系最重要的组成部分。第五，部门规章和地方政府规章。由于行政法规是国务院部门对自身工作的一些规定，我国气象、卫生部门对灾害救治制定了不少的部门规章，但是这些规章内容几乎都不涉及社区灾害管理。而地方规章在内容上则更加强调基层政府的作用，地方政府更多地是在地方应急预案中规定了社区灾害管理的内容。

1. 宪法规范

宪法是国家的根本大法，对国家的政治生活起决定性作用。现行宪法是2004年通过的《中华人民共和国宪法修正案》。宪法以法律的形式规定了国家的根本制度和根本任务，是国家的根本法，具有最高的法律效力。宪法规定，国家有保护人民健康、防治污染和其他公害、维护社会秩序等职责。这表明，防灾救灾是国家不可推卸的责任。同时，现行宪法规定了依法治国的原则，这就要求社区灾害要依据法律和法规进行管理，受法律的约束和制约，享有法律规定的权利。除此之外，在现行宪法中，没有具体条文对社区灾害管理作出规定。

2. 基本法

基本法律是由全国人民大表大会制定的，调整社会生活中重要的利益归属和配置的法律。我国的基本法包括民事基本法、行政基本法等。为了对灾害进行更好的管理，世界上很多国家出台了灾害管理的基本法，对灾害管理的相关事宜进行规定。如日本灾害管理体系中，基本法作为高位阶的法律对灾害管理工作起着重要的指引作用，包括了《灾害对策基本法》、《海洋污染与海洋防灾法》、《大规模地震特别措施法》等，基本法体系完善，极大地推动了日本的灾害管理工作。

3. 普通法

在宪法和基本法之下的是普通法，由全国人大常委会制定，内容为普通社会关系中的利益问题。新中国成立后，我国提出了“依法治国”的国策，不断推动国家的法制化进程。在灾害管理方面，我国先后针对水灾、地震等灾害制定了专项法律，以指导灾害管理工作的开展。

其中2008年12月27日第十一届全国人民代表大会常务委员会第六次会议修订颁布的《中华人民共和国防震减灾法》，明确规定了乡村的地震灾害后恢复重建工作要充分发挥村民自治组织的作用，肯定了村民自治组织的地位和其在灾害重建工作中的价值。

2003年的“非典”暴露了我国在灾害应急上的不足之处，推动了《中华人民共和国突发事件应对法》的制定和出台。该法出台的目的是为了预防和减少突发事件的发生，控制、减轻和消除突发事件引起的严重社会危害，规范突发事件应对活动，保护人民生命财产安全，维护国家安全、公共安全、环境安全和社会秩序。该法的出台，将我国的灾害应急管理工作带入一个新的台阶，极大地推动了灾害应急工作的规范化、法制化进程。突发事件应对法注重基层组织在灾害管理中的重要作用，鼓励开展居民委员会、村民委员会和企业事业单位的宣传普及活动和必要的应急演练工作。

4. 行政法规

在我国社区灾害管理的制度体系中，高位阶的宪法和法律规定不多，处于社区灾害管理法制建设中的薄弱环节。低位阶的行政法规及地方性的政策法规是我国社区灾害管理制度的重要组成部分。行政法规的创制主体是中央人民政府即国务院。根据立法法的规定，国务院根据宪法和法律，制定行政法规。目前事关灾害管理方面的行政法规有《自然灾害救助条例》、《防汛条例》、《破坏性地震应急条例》、《气象灾害防御条例》等。

在社区灾害管理方面，这些条例都或多或少作了相应的规定。以《自然灾害救助条例》为例，条例规定“村民委员会、居民委员会以及红十字会、慈善会和公募基金会等社会组织，依法协助人民政府开展自然灾害救助工作”，“村民委员会、居民委员会、企业事业单位应当根据所在地人民政府的要求，结合各自的实际情况，开展防灾减灾应急知识的宣传普及活动”，“村民委员会、居民委员会和企业事业单位应当设立专职或者兼职的自然灾害信息员”等。通过以上规定，可以看出社区灾害管理在整个自然灾害救助中的职责范围及其重要性。

5. 地方性法规、自治条例和单行条例

省级（省、自治区、直辖市）人民代表大会及其常务委员会根据本行政区域的具体情况和实际需要，在不与宪法、法律、行政法规相抵触的前提下，可以制定地方性法规。目前我国的地方性法规主要集中在气象灾害、地震灾害防御两个方面，例如《湖北省气象灾害防御条例》、《宁波市气象灾害防御条例》、《山西省地质灾害防治条例》、《陕西省气象灾害防御条例》等。《湖北省气象灾害防御条例》在总则、灾害监测与预报预警、灾害应急三个部分都对社区灾害管理进行了相关规定。其他地方性法规、自治条例和单行条例同样对社区灾害管理也都有着不同程度的涉及。

当前我国的地方性法规依照国家的宪法和法律制定，与国家的某项政策法规保持一致，是一种由上而下的法规制定过程。这些地方性的法规，结合了当地的实际需求。但是法规多具有普遍性，没有独创性。

6. 行政规章

行政规章是法律体系中最低位阶的部分，由部门规章和地方规章两个部分构成。现行的部门规章有《救灾捐赠管理办法》、《防震减灾管理办法》、《气象灾害预警信号发布与传播办法》等。如上文所说，部门规章是国务院各部门、各委员会、审计署等，在部门权限范围内制定的命令、指示等。它的作用是调整本部门范围内的行政管理关系，所以几乎不涉及社区灾害管理制度。

地方规章在地方性的灾害管理方面更具多样性，各地政府根据本地情况，制定了不同的地方规章，数量较多。如有，《贵州省防震减灾管理办法》、《安徽省防震减灾管理办法》、《浙江省地震安全性评价管理办法》等。地方规章存在着与地方法规同样的问题，即多集中于气象与地震灾害防御方面，与上位法保持一致，但鲜有独创性。同时，与行政规章一样，对社区灾害管理制度方面，鲜有提及。

（三）体制和机制

1. 体制

体制亦可称为“领导体制”、“组织体制”，应急管理体制则可理解为行政应急管理体制。它通常是指应急管理机构的组织形式，也就是综合性应急管理机构、各专项应急管理机构以及各地区、各部门的应急管理机构各自的法律地位、相互间的权力分配关系及组织形式等[①]。应急管理体制内含领导指挥机构、专项应急指挥机构和日常办事机构，这是一个横向组织体系与纵向组织体系相互作用，政府机构与社会组织互相配合的复杂系统。

《国家突发事件应对法》中对我国灾害应急管理体制作了如下规定：国家建立统一领导、综合协调、分类管理、分级负责、属地管理为主的应急管理体制，即由国务院统领全国的应急管理工作，再根据灾害的不同类型，不同属地，由各地方、各部门专门的应急管理机构进行管理。在中央层面，我国设立的是国

---

① 钟开斌:《“一案三制”：中国应急管理体系建设的基本框架》，载于《南京社会科学》，2009 年第 11 期。

家减灾委员会，负责减灾救灾的协调组织工作。国家减灾委员会负责研究制定国家减灾工作的方针、政策和规划，协调开展重大减灾活动，指导地方开展减灾工作，推进减灾交流与合作，组织、协调全国抗灾救灾工作[①]。针对分类管理，我国规定不同的灾害类型，分别由民政部、水利部、国家地震局、安全生产管理总局、卫生部和公安部等进行管理。此外，31个省（自治区、直辖市）和5个计划单列市相继成立了应急管理领导机构，组建或明确了办事机构[②]。

对于社区灾害管理体制，我国尚未作出明确的规定，但目前我国大部分基层社区的社区灾害管理体制基本具有以下几个组成部分：（1）社区工作人员负责社区灾害管理的日常工作制度，包括召开日常灾害管理工作会议，组织日常的宣传教育活动和风险评估工作，在灾害期间启动应急预案的工作模式等；（2）由社区主要负责人组成社区灾害管理领导小组，从整体上把握社区灾害管理工作；（3）由社区居民和志愿者积极组建救护组织，能够在灾害来临的第一时间应对灾害危机，并在日常工作中核查灾害风险。

2. 机制

应急管理机制包括：突发事件预防与应急准备、监测与预警、应急处置与救援以及善后恢复与重建等。机制是动态过程的集合，体现的是以法律、法规和规章等为依据的工作流程；它是各部门、各救灾主体职能的集合，体现不同主体在灾害管理中的不同分工。总而言之，应急管理机制应以灾害管理全过程为主线，涵盖事前预防、事发报告、事中救治、事后恢复各个环节。

中央对应急管理运行机制的规定，如《国务院关于全面加强应急管理工作的意见》指出，要“构建统一指挥、反应灵敏、运转高效的应急管理机制”。《国家突发公共事件总体应急预案》也提到，“加强以属地管理为主的应急处置队伍建设，建立联动协调制度，充分动员和发挥乡镇、社区、企事业单位、社会团体和志愿者队伍的作用，依靠工作力量，形成统一指挥、反应灵敏、功能齐全、协调有序、运转高效的应急管理机制”。

社区灾害管理机制中的参与主体包括社区、企事业单位、社会组织、社区

---

① 吕芳：《当前中国农村的减灾政策概述》，载于《中国减灾》，2009年第10期。

② 钟开斌：《“一案三制”：中国应急管理体系建设的基本框架》，载于《南京社会科学》，2009年第11期。

居民和志愿者队伍。社区灾害管理内容包括预防、准备、救灾、恢复等方面，社区内各主体分工明确，相互配合，逐步形成一个高效的联动机制。

二、政策方针

（一）减灾规划（1998—2010年）

1998年4月29日，我国制定并公布了《中华人民共和国减灾规划（1998—2010年）》。如上文所说它是我国制定的第一部国家级减灾规划，提出了我国减灾工作的五项目标，即农业和农村减灾、工业和城市减灾、区域减灾、社会减灾、减灾国际交流与合作。在减灾工作的重要行动中，明确体现了五项目标的具体要求。在农业减灾方面，“要完成国家农业减灾规划，编制农业综合减灾区划；建设一批推广和应用减灾实用技术的农业和村镇减灾示范区”；在工业和城市减灾方面，“组织制定分行业的工业减灾规划和城市综合减灾规划”；在区域减灾方面，“科学划分灾害的高风险区并制定其综合减灾和资源利用规划；选择一些对区域经济和社会发展影响较大、农业生产与工业生产发达的高风险地区，建立综合减灾示范区”；在社会减灾方面，“增强全民的减灾意识，加强中小学校的减灾教育，开展不同层次的减灾专业教育，提高灾害管理人员水平”，“积极推动救灾捐赠工作的经常化和社会化，提倡民间的互助互济活动，鼓励社会团体广泛参与减灾工作”；在减灾国际合作方面，“鼓励在重大减灾工程建设中引进资金和先进技术，通过多种合作方式建立各种类型的减灾示范区或示范工程”。

《中华人民共和国减灾规划（1998—2010年）》的出台，明确提出区域减灾、社会减灾、农业减灾的概念，将减灾工作的规划从全国范围的减灾工程缩小到区域、社会、村镇等基层组织上；要求建立综合减灾示范区，鼓励社会团体广泛参与。该规划第一次以专项规划的形式提出了国家减灾的指导方针、发展目标、主要任务和具体措施，对1998年之后我国的减灾工作起指导作用。该规划中提到的减灾规划范围的缩小、综合减灾示范区的推动、社会团体的广泛参与，意味着基层社区在灾害管理中开始逐步发挥作用。

（二）综合减灾“十一五”规划

《中华人民共和国减灾规划（1998—2010年）》颁布实施之后，我国各地区、各部门、各行业大力加强减灾工程和非工程建设，国家防灾减灾能力明显提高，灾害损失占GDP比例有了明显下降。但是到2007年，我国的减灾工作还存在一些亟待解决的薄弱环节，面对严峻的灾害形势，以及为实现党的十六届六中全会提出的“全面提高国家和全社会的抗风险能力”的战略目标，在对《中华人民共和国减灾规划（1998—2010 年）》的实施情况进行总结评估的基础上，依据《中华人民共和国国民经济和社会发展第十一个五年规划纲要》以及有关法律法规，制定了《国家综合减灾“十一五”规划》。

《国家综合减灾“十一五”规划》指出，目前减灾工作中，“基层灾害应急预案体系尚需进一步健全，抗灾救灾物资储备体系不够完善，应急通信、指挥和交通装备水平落后”；“各级灾害管理人员业务素质还需进一步提高，面向基层乡村社区的减灾科普宣传有待进一步深入，社会公众减灾意识仍较薄弱”。为此，对薄弱环节该规划提出了一系列的措施和方案，要求加强城乡减灾能力建设，包括开展减灾示范社区创建活动，完善城乡社区灾害应急预案，加强减灾科普宣传教育能力建设，支持群众团体、民间组织和基层自治组织开展防灾避险知识宣传。该规划的出台，首次提出“社区灾害应急”、“减灾示范社区”、“城乡减灾能力”等概念，标志着我国社区在灾害管理中的地位逐步确立。

（三）综合减灾“十二五”规划

为了适应自然和人为灾害的新情况，满足新时期国家经济和社会建设的需要，我国依据《中华人民共和国经济和社会发展第十二个五年规划纲要》以及有关法律法规，制定了《国家综合防灾减灾规划（2011—2015 年）》（简称《国家综合减灾“十二五”规划》）。

在“十一五”期间，我国防灾减灾工作虽然取得了巨大的成果，但基层防灾减灾能力仍需要进一步提升。基层社区自然灾害应急预案需要进一步完善，社区自然灾害风险隐患需要进一步排查，基层群众防灾减灾意识普遍偏低。因此，减灾工作鼓励全民参与。《国家综合减灾“十二五”规划》指出，“十二五”期间，我国将“完善防灾减灾社会动员机制，建立通畅的防灾减灾社会参与渠道”，“形成全社会积极参与的良好氛围”。这就需要充分发挥社区的作用。因此，“十二五”规划继续强调了“全国综合减灾示范社区”的建设。可以说，《国家综合减灾“十二五”规划》对社区减灾方面的重视，继续巩固了社区在减灾工作中的重要地位。

（四）其他政策

2006 年，《国务院关于加强和改进社区服务工作的意见》，要求推进社区安全服务，指出要“做好社区消防工作，提升社区消防安全水平”，以及“建立传染病、食品安全、灾害事故的应急反应机制，不断提高社区应对突发事件的能力”。

2006年，《国务院关于全面加强应急管理工作的意见》重视提高基层应急管理能力。《意见》中提到，“要以社区、乡村、学校、企业等基层单位为重点，全面加强应急管理工作”，“社区要针对群众生活中可能遇到的突发公共事件，制订操作性强的应急预案，经常性地开展应急知识宣传，做到家喻户晓”。

2007年9月，民政部办公厅印发了《全国综合减灾示范社区创建标准》。2008年4月，民政部专门召开部分省市社区综合减灾工作座谈会，交流了综合减灾示范社区创建经验。2009年年初，全国减灾救灾工作会议代表现场观摩了浙江的社区减灾经验，并对全国开展示范社区创建工作进行了部署。截至目前，民政部一共命名了四批综合减灾示范社区①。

2009年10月，国务院办公厅发布《关于加强基层应急队伍建设的意见》，阐述了基层队伍建设的基本原则和建设目标，并且对加强基层综合性应急救援队伍建设、完善基层专业应急救援队伍体系、完善基层应急队伍管理体制和保障制度提出了相关要求。

第三节 制度评价

我国的社区灾害管理制度在国内减灾迫切需要的驱动下和国际社区灾害管理大环境的影响下，逐步形成了由法律、行政法规、规章以及各类规范组成，并包含社区灾害管理预案、社区灾害管理领导体制和社区减灾运行机制等多个方面的制度体系。这对我国的社区灾害管理工作具有重要的指导和推动作用。

一、特点

从现行的社区灾害管理法律、行政法规和规章等来看，我国的社区灾害管理制度主要有以下特点：

一是把防灾、减灾、救灾和灾后重建与经济社会发展紧密联系起来，纳入

① 张晓宁：《中国的社区减灾政策》，载于《中国减灾》，2010年第3期。

了国民经济和社会发展规划，并贯彻了以预防为主，预防、应对和恢复相结合的方针。例如，我国有关灾害应急的法律、行政法规都要求把灾害防治工作纳入国民经济和社会发展规划以及各级政府的财政预算。在实践中，各级政府高度重视自然灾害的预防工作，已经建立了七大类自然灾害的监测网络，气象、水文等预报已经相当普及，准确率较高，并且不断进行大规模的水利建设，战胜了许多重大水旱灾害①。

二是对灾害防治采取单项立法的模式。为了适应我国自然灾害多发的特点，总结实践经验，在灾害应急立法中，采取了针对水灾、地震灾害、气象灾害、森林草原火灾等不同情况，分门别类立法的模式②。单项立法模式的优点是针对性强，措施具体，能够准确适用。

三是充分认识和肯定基层组织在应对灾害中的作用。我国的社区灾害管理制度的历史变迁，反映了我国政府从单纯地依靠政府、军队进行救灾，到发动居民委员会、村民委员会以及社区居民、志愿者等基层组织和队伍参与到防灾救灾当中。

二、问题

在充分肯定社区灾害管理制度取得的成效的同时，我们也应该清醒地认识到其局限性。现有的社区灾害管理制度远远满足不了我国社区灾害管理现状的需要，仍需要进一步丰富和完善。我国现有的社区灾害管理制度主要存在以下几点问题：

一是立法层次偏低，分散立法，缺乏协调统一。《国家综合减灾“十一五”规划》的出台，标志着我国社区灾害管理迈上一个新的台阶，社区在灾害管理中的地位得到肯定。但是与其他国家和地区的社区灾害管理法规体系相比，我国的社区灾害管理法律体系总体而言，相关法律处于基本空白状态，法规位阶层级较低，以行政法规和地方性法规规范性文件为主，且法规部分较少以社区为主体出台或公布。此外，近几年来，救灾工作越来越受到社会各方面的重视，有些部门从本系统的角度出发，制定了一些与救灾有关的规定，但也造成了政

---

① 曹康泰：《灾害应急管理的法制建设》，载于《中国减灾》，2004 年第 11 期。

② 同①。

出多门和政策多变的后果，出现了规定某一问题和某类问题的不同政策文件之间不协调的现象，给执行者带来很大困难。例如，目前有安全社区、综合减灾社区等多重标准，均是以部门规定为主，容易造成标准模糊、相互推诿等情形。

二是制度体系不健全。在我国目前社区灾害体系中，首先是法规多以某种灾害为主体，以社区为主体的所占比例甚小，基本没有单纯的社区灾害管理的法规。其次是目前对社区灾害管理的规定，主要是集中在应急预案制订和预警与预控层面，对应急避难场所、灾害损失责任、灾害重建等方面的规定较少。因此，在实际的社区灾害管理中，许多实际问题无统一标准可参照。

三是立法落后于实践。这几年，随着市场经济体制的建立，原有的救灾法律制度在某些方面已不适应变化了的客观形势。救灾工作进行了一系列改革，但在有些方面的立法没有跟上改革的步伐，致使实际工作中出现了许多扯皮的问题，在一定程度上影响了改革的进程。

我国应尽快建立综合的社区防灾减灾法律法规，颁布灾害基本法，使防灾减灾的国家行为成为法律规范，依法进行灾害管理，明确政府、社会和受灾群众的权利和义务，规范政府的灾害管理行为，强化对灾害管理工作的监管，使自然灾害的救助工作走向规范化和法制化的轨道。

小　结

近年来，受全球气候变化等多方面因素的影响，自然灾害的发生频率及其造成的损失逐年攀升。新中国成立之前，我国的灾害管理工作主要是以政府为主体调动人力、物力资源进行救灾。新中国成立之后，为应对各类灾害，我国政府从中央到地方出台了一系列政策法规对灾害管理进行规范和引导。在国际社区灾害管理的推动和国内环境的影响下，我国的灾害管理模式发生了巨大的变化，从中央政府为主体进行救灾，到各级政府、各级人员共同参与；从简单的救灾行为，到综合防灾、减灾，灾害管理模式不断适应客观实际需求。

我国社区灾害管理制度的产生与发展，与国际社区减灾的发展密切相关。其中，主要是受到两个方面的推动，一是“国际减灾十年”，二是“安全社区”的建立。

1987年，国际社会启动“国际减灾十年”，制定《国际减轻自然灾害十年国际行动纲领》，首次在国际上提出了“加强社区备灾能力”。在国际减灾十年的推动下，1989年中国国际减灾十年委员会成立，推动我国逐步参与到国际减灾行动当中。1998年我国通过《中华人民共和国减灾规划（1998—2010年）》，并颁布和实施了一系列法律法规。

世界卫生组织于1989年召开了首届事故与伤害大会，通过了《安全社区宣言》，界定了“安全社区”的标准。1994年召开的第一次世界减灾大会明确提出了“社区减灾”的各项任务。世界“安全社区”的建立和推广，逐步推动了我国“安全社区”的成立和发展，并相继出台了《安全社区建设基本要求》等文件，也推动了“全国综合减灾示范社区”的建立和完善。

我国社区灾害管理制度，可以简单概括为“一案三制”以及相关的政策方针。“一案三制”即预案、应急管理法制、体制和机制。预案指应急管理预案，包含国家总体应急预案、国家专项应急预案、省级总体应急预案、国务院部门应急预案四个层次。社区灾害管理法律法规，主要指由国家制定或者认可的有关社区灾害管理工作的法律法规。体制亦可称为“领导体制”、“组织体制”，应急管理体制则可理解为行政应急管理体制。它通常是指应急管理机构的组织形式，也就是综合性应急管理机构、各专项应急管理机构以及各地区、各部门的应急管理机构各自的法律地位、相互间的权力分配关系及组织形式等。应急管理机制包括：突发事件预防与应急准备、监测与预警、应急处置与救援以及善后恢复与重建等。方针政策主要有《中华人民共和国减灾规划（1998—2010年）》、《国家综合减灾“十一五”规划》和《国家综合减灾“十二五”规划》以及国务院出台的一系列制度文件。

从现行的社区灾害管理法律、行政法规和规章、部门规范来看，我国的社区灾害管理制度主要有以下特点：一是把防灾、减灾、救灾和灾后重建与经济社会发展紧密联系起来，纳入了国民经济和社会发展规划，并贯彻了预防为主，预防、应对和恢复相结合的方针。二是对灾害防治采取单项立法的模式。三是充分认识和肯定基层组织在应对灾害中的作用。但与此同时，我国的社区灾害管理体制也存在一些问题，如立法层次偏低，分散立法，缺乏协调统一；法规体系不健全；立法落后于实践等。

第三章 社区灾害管理的组织架构

我国经济转轨和社会转型之后，城乡基层组织逐步由“单位制”转变为“社区制”，而原本由单位主导提供公共服务的制度也随之解体。随着政府职能调整以及公共服务理论与实践的发展，政府也不再包揽公共服务的生产与提供，公共服务的主体呈现多元化的趋势。在社区防灾方面，逐步形成了“一主多元”协调合作的组织架构，“主”即为政府，“多元”便是指其他参与主体，主要包括社区、驻区企业、非政府组织、志愿者和社区居民。

第一节 参与主体

根据目前各类组织在社区减灾中发挥的作用，以及整体的合作网络，本文将各参与主体分为了两大类。其一，是“一主多元”中的“主”，政府；其二，便是其余的多元参与主体：社区、驻区企业、非政府组织、志愿者和社区居民。它们积极参与社区减灾活动，在政府的引导下，相互间协调合作，从而形成“一主多元”的组织架构。

一、政府主体

政府的概念有狭义与广义之分，本书中的政府主要是指狭义的行政机关。在过去很长一段时间里，政府曾一度是防灾减灾公共服务唯一的提供主体。单位制时期，政府将公共资源分配给单位，然后再由单位与个人对接。单位制解体后，很多地方政府便直接通过街道办事处对社区居委会进行领导，指导监督各社区的防灾减灾工作。

政府在社区防灾减灾工作中的作用是必不可少且至关重要的。一方面，政府自身的资源优势和强制力使其克服了“市场失灵”和“志愿失灵”，能够保障防灾减灾这类公共服务的顺利进行。另一方面，我国历来的“大政府小社会”传统，导致人们对政府公共服务安排产生了心理依赖，较为缺乏自下而上行动的动力和能力。

然而，随着政府职能转变和公共服务理论的变革，政府对于社区减灾的工作有了变化：一是政府与社会关系上，政府不再作为唯一的公共服务提供者，而更多地转向为社会主体活力的持续释放而提供制度保障和经济支持这一角色；二是在政府与公民关系的认识上，政府认识到公民作为公共服务的消费者，享有参与权和发言权。因此，在不改变政府主体地位的同时，越来越多的社会主体参与到公共服务的提供中来。现今，政府的作用主要表现在：宣传推广、指导监督、信息公布、资源供给、购买服务和项目托管等方面。

二、多元主体

1. 社区

这里的社区是指社区居委会，是由社区居民选举产生，来管理本社区事务，实现社区居民的自我管理、自我教育和自我服务的自治组织机构。它具有非官方性和自愿性，但又不同于第三部门。在政治上，它不属于政府或任何党派；管理上，它作为政府对于公共服务提供的要求方、监督方，及时弥补政府信息不灵敏的缺点。

随着城市社区建设的深入，政府已经逐步退出社区，减少了对公共事务的直接干预，同时还积极培育社区自治能力，提高社区自我管理水平。因此，社区自治组织在防灾减灾过程中，发挥着日益重要的作用。毕竟最关心社区民众财产的人莫过于财产的所有者本身，而非对此有保护责任的政府部门和公务人员。而且，官僚机构和外部救援队伍很可能限于反应速度、系统支持条件、指挥调度的科学性等因素，无法对社区灾害作出及时的救助。社区自治组织的出现就能够成为政府的现行力量，弥补政府的低效率。灾害发生时，如果社区有采取行动的准备，并具备有效管理灾害的知识和能力，灾害的影响就可以大为减少。同时，社区自治组织防灾救灾工作的推进，也可加强社区居民对社区的认同，有利于社区的整体建设。社区自治组织具体的防灾减灾职责主要有：应急避难体系的建设和管理、防灾基金管理、应急预案设计、减灾志愿者队伍的建设和社区减灾管理文化建设。

2. 驻区单位

驻区单位指的是坐落于辖区内的各类企事业单位。近年来，企事业单位参与到公共服务提供中去的事例越来越多。它们不但投入了众多的资源，有的甚至直接成立了第三部门来推动公共服务的发展，社区防灾减灾事务便是其中之一。

驻区单位提供减灾服务大致可分为两种情况。其一是，民营企事业单位与社区合作提供。这些民营企业能够而且愿意参与到社区防灾减灾工作中去的原因大致有两方面：一方面，企事业单位参与到防灾减灾活动中去，能够提供充足的场地、人员和资金资源；另一方面，社区很大程度上相当于行政权力在城乡基层的延伸，配合社区工作有利于企事业单位与政府良好关系的建立。因此，驻区单位参与防灾减灾工作是一项互赢的合作。这种合作关系主要通过企业的资金支持、场地提供和公共服务的合同外包等方式来维持。

其二是，某些单位单独提供减灾服务。在“单位制”向“街居制”转型的过程中，一些政府机关、大型企事业单位的职工都住在同一个家属院里，而这些家属院由于规模较大，形成了相对比较封闭的社区。在这类社区里，会形成地企共建的合作机制，社区可以直接利用政府机关、企事业单位原有的管理机构，来对社区防灾减灾进行管理。

3. 社会组织

社会组织是在社会生活中发挥着服务、沟通、协调、监督、维权、自律等作用的社会团体、民办非企业和基金会。它是出于志愿公益性或互益性而产生的社会组织，其内在驱动力不再是利润动机或权力取向，而是以志愿精神为背景的利他主义和互助主义。社会组织的公益性和互益性，使得它们有可能而且乐于提供社会公共资源，参与社区防灾减灾工作。

社会组织通过自愿提供资源、组织成员互助合作、合同承包等方式，在社区防灾减灾方面弥补了“政府失灵”和“市场失灵”产生的服务缺失，发挥着与行政组织和企事业单位完全不同的作用。社会组织的产生方式，决定了其具有民间性、专业性和灵活性等特征，从而能够提供多样而且异质的公共服务，在防灾减灾过程中满足社区居民的不同需求。另外，相较于驻区企业，非分配约束降低了社会组织提供防灾减灾服务的逐利风险。这里的“非分配约束”是指社会组织不会把获得的净收入分配给对该组织实施控制的个人，包括组织成员、管理人员、理事等，净收入完全用于组织的下一步发展[①]。这个特征促使社会组织服务时，不会唯利是图，因为他们所获得的利润不参与分配。

4. 志愿者

近年来，公众当志愿者的热情空前高涨，无论是有重大灾害、险情的时刻，还是国家有重要活动或者盛事的时刻。即使是日常生活中，志愿者的身影也无处不在。尤其是在灾害面前，志愿者队伍总能不顾自身安危，及时到达灾害发生地区。例如2008年汶川特大地震期间，中国的志愿者队伍发挥了极为重要的作用。据中国国务院新闻办发表的《中国的减灾行动》白皮书显示，四川汶川特大地震发生后，参与紧急救援，深入灾区的国内外志愿者队伍达300万人以上，而在后方参与抗争救灾的志愿者人数更是达到1000万人以上。

社区会在第一时间直接面对灾害，社区综合减灾能力和开展自救互救的水平的高低，对于能否减少人员伤亡、减轻灾害损失意义重大。因此，在社区防灾减灾工作中，一支专业的志愿者队伍能够发挥十分重要的作用。特别是在灾害发生时，在专业救援能力无法及时赶到现场的情况下，社区志愿者能在第一时间发挥有效的救援作用。社区志愿者的服务对象主要是社会孤老、残疾人、青少年儿童等需要帮助的居民，服务内容包括防灾知识的宣传、治安巡逻、医疗保健、扶贫帮弱等方面。

5. 社区居民

社区具有初级的地缘协调机制，适宜构建社区自救互助体系。因此，在防灾救灾过程中，大可发挥居民本身的能动性。居民可以通过灾前的培训与“结对子”安排，实现在灾害发生时的自救与互助。加强社区居民的自救和互助能力，不仅能减少居民等待救援时间、节省救援人力，提高减灾效率，而且可以增进社区居民间的凝聚力。

三、“一主多元”协作网络

社区防灾减灾中不同社区内的各主体作用虽各有不同，但大致形成了“一主多元”的合作协调网络。“一主”即政府为主，无论是从我国的现状，还是发

① 田凯:《组织外形化:非协调约束下的组织运作——一个研究中国慈善组织与政府关系的理论框架》，载于《社会学研究》，2004年第4期。

达国家的社区减灾经验来看，政府在社区减灾方面的投资将长期占据最重要的地位。而且政府或在思想上，或在行动上指导着社区减灾工作。“多元”是指社区自治组织、驻区单位、社会组织、志愿者和居民在政府的领导或者授权下，以某种形式在防灾减灾中相互协调配合。2006 年 6 月，北京推进和谐社区座谈会上就谈到，要力争建立一种“以政府的社会管理和公共服务职能为主导，政府调控机制同社会协调机制联动、政府行政功能同社会自治功能互补、政府管理力量同社会调节力量互动，对全社会进行有效覆盖和全面管理的管理体制。”[①] 下文将结合主体间的作用方式来具体解析主体间的合作运行情况。

政府的作用主要通过其派出组织，即街道办事处来实现。社区自治组织一方面是居民自治组织，街道办事处与其存在指导与被指导关系；另一方面，又在一定程度上承担了许多行政职能，与街道办事处的关系日益密切，成了街道办的下辖机构，形成事实上的领导与被领导关系[②]。可见，很多社区基本受控于街道办事处。因此，在社区减灾工作中，街道办事处对社区的作用异常巨大。有些街道办事处专门成立了防灾领导小组，小组成员涵盖了街道办所有科室和各社区，从街道整体上来指导、安排社区减灾工作，如：排查辖区内所有社区各类隐患、专门调拨防灾专项资金、成立应急抢险突击队、落实安置场所等。另外，通过合同承包的方式，将应急队伍建立、物资储备等减灾服务外包给企业和民间组织，以减轻政府的工作负担。因此，在政府与社会组织、企业之间形成了服务外包的合同关系。

社区自治组织是社区居民选举产生，进行居民自我管理、自我教育、自我监督的群众自治组织。毋庸置疑，社区减灾是社区自治组织的重点工作之一。其主要工作内容有：社区灾害应急预案的设计、避难场所建设和管理、减灾基金筹集与管理、志愿者队伍的建设和减灾管理文化建设。可见，作为基层自治组织，社区是减灾第一线，管理着社区减灾中最为核心的工作，而对于这些工作，社区必然会同其他主体发生联系。社区灾害应急预案是为保证灾害来临时，

---

① 陈新辉、任龙强:《北京城市社区灾害管理模式的探索性研究》，载于《科技与管理》，2007 年第 2 期。

② 刘岩:《城市社区组织的自主性缺失与内源性发展》，载于《社会科学战线》，2009 年第 2 期。

社区能够从容面对，是每个社区减灾必不可少的灾前准备工作。做好这项工作就需要社区统筹安排驻区单位、社会组织、志愿者和社区居民的具体工作，使他们在防灾减灾过程中各司其职，有条不紊地进行自救与互助。社区应急避难场所建设和管理除了要充分利用现有的社区绿地、社区活动场所、运动场所外，还要求社区与驻区单位的合作，将社区内的企事业单位的部分场所作为灾时临时安置场所。社区减灾基金一部分由政府拨款，而另一部分就由社区自己筹集。自筹资金来源大致包括：居民自愿募款、社区单位的捐赠、社会慈善组织捐赠和基金管理带来的增值。由此可见，驻区单位、社会组织和居民对社区有着资源的支持关系。另外，社区志愿者队伍一般是由社区组建，并由其组织培训防灾减灾、自救互助、应急避险、疏散安置、配合专业救援队进行抢险救护、灾后居民心理咨询和疏导等方面的知识。这些培训使志愿者能够协助社区在灾害知识科学普及、灾情速报、灾后应急救援等方面发挥重要作用。社区与志愿者队伍之间存在着指导与协助的关系。

上文分析已提及，驻区单位分为两种情况。当社区还残留有单位制的特征时，驻区单位的管理机制直接应用于社区防灾减灾工作，此时的社区内的政府机关或大型企事业单位的领导人员便会参与社区事务的治理，直接介入社区减灾工作的决策。此时，社区与驻区单位的关系是亲密无间的，驻区单位的重视与否直接影响着社区减灾工作的成功与否。这种情况下的社区居民与驻区企业是一种职工与单位的关系。而当社区属于单位制解体后产生新型基层自治组织时，驻区企业与社区间更多的是一种合作的互利关系。一方面，企业或为社区减灾提供经济、物质和场地资源，或承包政府的外包服务项目；另一方面，通过参与社区减灾，企业也改善了自身的经营环境，降低了灾害风险。

出于公益性和互益性而产生的社会组织，没有利益取向，也没有政治偏向。因此，作为中立方，社会组织能够代表社区居民，向官方反映居民的需求，并监督社区减灾活动的进行情况。与此同时，社会组织自身也提供公共服务，形成与社区的合作关系，弥补“市场失灵”和“政府失灵”，根据居民的不同需求，提供多样化的减灾服务。

社区志愿者队伍与其他主体的关系可以从其工作内容上来理解，志愿者的工作内容有：灾害发生前，开展防灾减灾知识的宣传教育，提高社区志愿者和社区居民防灾减灾意识；举办宣传及演练活动，提高社区居民对防灾减灾知识的了解，指导社区居民通过演练掌握一定的应急避险知识和自救互救技能等；灾害发生后，负责做好社区灾害信息的收集报送工作；根据该区域救灾的需要，配合专业救援队伍做好应急救援行动，做好救灾物品的发放工作，等等[①]。从以上内容便能看出，与志愿者联系最为紧密的就是社区居民，他们对居民的服务贯穿了整个防灾减灾过程，涵盖了灾前、灾中和灾后很多的工作内容。另外，便是上文已有提到过的社区与其形成的指导和协助关系。

如今，"以人为本"是社区建设的指导思想，而且从协作网络图中也可看出社区其他主体的活动最终都是旨在保护居民个人的人身安全。在社区居民内部，减灾工作已经延伸到家庭和个人，居民间形成了互助关系。例如，居民们对老弱病残等困难人群进行"一对一"帮扶，在灾害发生时结对救援。而居民的防灾意识和相互间的自救互助能力，也需要社区、社会组织、志愿团体等的宣传与培训。由此可见，其他主体与居民之间是服务与消费关系，而居民内部是自救互助关系。

综上所述："一主多元"的协调网络（见图 3–1）中，政府将在很长一段时间内起绝对的主导作用。社区减灾最主要的服务对象是社区居民，所有减灾提供主体都围绕着居民进行服务，居民内部则存在着自救互助的关系。此外，其他主体之间便是相互合作、功能互补的关系。

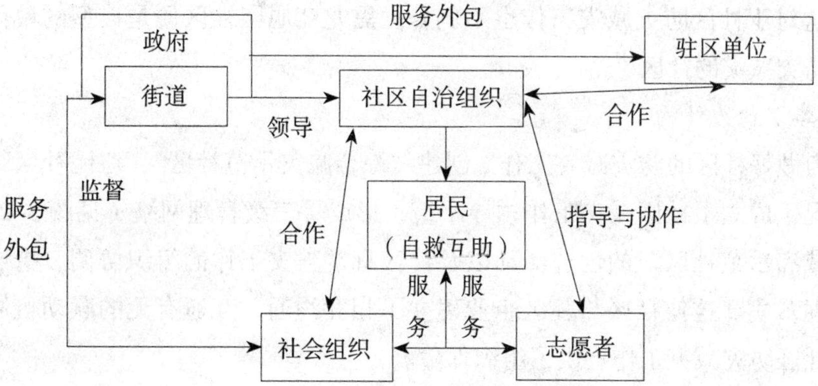

图 3–1 "一主多元"的协调网络

① 关贤军、陈海艺、尤建新：《城市社区防灾减灾工作机制研究》，载于《中国安全科学学报》，2008 年第 11 期。

第二节 基本模式

在总结了四批“全国综合减灾示范社区”申报材料后，本书概括了社区减灾的四种基本模式，包括驻地单位支撑模式、基层政府组织模式、社区组织模式与合作模式。下文将结合申报材料中的案例，从形成机制、权力结构和组织网络三个方面对这四种模式进行阐述。

一、驻地单位支撑模式

（一）形成机制

新中国成立后，我国在城市基层社会建立了以“单位制”为主、以“街居制”为辅的管理体制。国家通过单位这一组织管理职工，通过街居这一体系管理社会闲散人员、民政救济和社会优抚对象，从而实现了对城市全体社会成员的控制和整合，达到了社会稳定和巩固政权的目的。虽然随着经济转轨和社会转型，“社区制”逐渐替代了原有的“单位制”，但全国各地仍然存在着具有一些这种组织结构的社区。此类社区的管理和服务工作，仍然由单位发挥主导作用，这对于社区防灾减灾工作也不例外。黑龙江旭园社区便是典型的单位支撑进行防灾减灾的社区[①]。

（二）权力结构

为做好社区的防灾减灾工作，创建“综合减灾示范社区”，旭园社区结合实际情况，成立了社区减灾工作领导小组，形成了三级管理网络（见图3–2），负责“减灾示范社区”的创建活动以及社区日常减灾工作的组织协调、指导检查和督促落实。这使社区与驻区企业建立了相互沟通、互通有无的联动机制，为做好社区防灾减灾工作提供了组织保障。

社区内部领导机制分为三级网络，社区主任兼党委书记任网络总指挥，社区党委副书记和社区副主任担任副总指挥，社区工作人员任各大责任片的负责人，各居民楼楼长担任该楼的责任组长，层层责任分工明确；社区将社区老年

① 案例来自第三批“全国综合减灾示范社区”申报材料，民政部，2009年。

人、少年儿童、病患残疾人等困难群体947人确定为重点救援对象，结成援助对子，责任明确到所在单元，使社区减灾工作更加规范化、制度化。

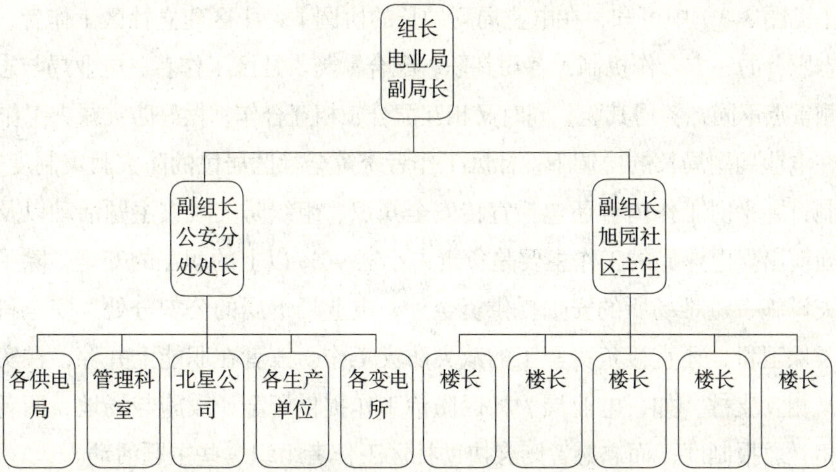

图 3–2　旭园社区减灾领导小组组织结构图

（三）组织网络

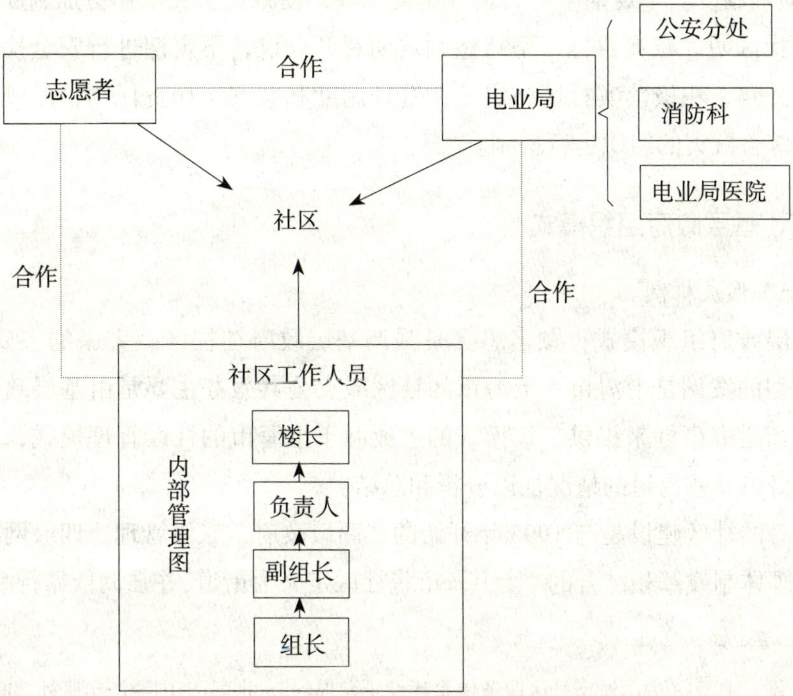

图 3–3　旭园社区灾害管理组织网络图

在三级组织结构图中，虽然大庆电业局副局长处于主导地位，但实际起的是协调作用，社区居委会与电业局公安分处处于平行地位。从旭园社区灾害管理组织网络图（见图3–3）中可知，在电业局副局长的协调下，小区建立社区工作者、电业局及志愿者的三方合作机制，各司其职，配合默契。社区工作者、电业局与志愿者三方侧重点不同，各司其职，同时又相互配合、相互合作，做好防灾减灾工作。

在电业局副局长的协调下，社区工作者统筹全社区居民的防灾救灾制度安排、预案制订，平时工作内容还包括宣传安全知识、组织防灾减灾主题活动以及相关的慰问演出。电业局的工作主要是负责占小区90%以上的职工的安全，除了对小区防灾设施、避难场所的安置提供资金外，电业局下属的公安分处、安全科、消防科及保卫科，还直接负责职工的减灾防灾工作。三者在职能上并存，在实际操作中又相互支撑，如，电业局为社区防治工作提供资金、设施与场地，两者之间建立相互通报制度；而志愿者则会协助社区工作者组织一些主题活动。

为更好地开展减灾防灾工作，社区制定了《领导小组定期检查制度》、《防灾减灾设施定期检查、维修、更换制度》、《志愿者定期入户宣传、知道制度》、《定期演练制度》、《定期学习、培训制度》等，使减灾防灾工作更加制度化、规范化。社区明确减灾目标，坚持做到定期召开会议，不定期进行安全检查，确保不留死角，积极落实社区减灾工作管理制度和减灾工作责任制，形成了一整套社区综合减灾的组织运行机制。

二、基层政府组织模式

（一）形成机制

基层政府组织模式，顾名思义是强调基层政府在社区减灾中的主要作用，其中典型的案例是上海市。上海市的社区减灾公共服务主要是由基层政府的派出机关街道办事处来提供。该模式的形成源于上海市的社区管理模式，下文将结合上海市一些街道的情况加以分析和总结。

上海的社区建设是与1995年开始的“两级政府、三级管理、四级网络”的城市管理体制改革相结合的[①]。上海市将社区定义为街道，并强调依靠行政力量，

① 侯岩主编:《中国城市社区服务体系建设研究报告》，北京:中国经济出版社2009年版，第30页。

在街居联动的过程中发展社区各项事业，形成了以政府为指导，以社区为支点，以居民参与为核心的一体化管理体系。

“两级政府”即市级和区级政府，“三级管理”是市级、区级和街道一级的管理体制。街道办事处成为街道行政权力的中心，并且其内部建立了全面对应于区政府派出机构的部门设置，实现了“以块为主，条块结合”。与此同时，为了有效地克服条块分割，建立了由街道办事处牵头，派出所、房管所、环卫所、工商所、街道医院、房管办、市容监察分队等单位参加的城区管理委员会。街道办事处与城区管理委员会就组成了社区管理领导系统①。

在街道办事处和城区管理委员会的领导下，社区的工作主要由社区管理执行系统和社区管理支持系统组织开展。社区管理执行系统由设在街道内的四个工作委员会构成，即市政管理委员会、社区发展委员会、社会治安综合治理委员会、财政经济委员会。社区减灾主要由市政管理委员会负责。社区管理支持系统由辖区内企事业单位、社会团体、居民群众及其自治性组织构成。它们通过一定的组织形式，如社区委员会、社区事务咨询会、协调委员会、居民委员会等，主要负责议事、协调、监督和咨询，从而对社区管理提供有效的支持②。下面就以上海市卢湾区五里桥街道为例③，介绍以街道为主导的社区减灾组织结构。

（二）权力结构

创建综合减灾示范社区，需要各相关部门实现跨界合作，弥合部门间的管理和服务缝隙。五里桥社区（街道）党工委、街道办事处积极整合各类资源，引导各部门、各单位、各科室积极参与综合减灾示范社区创建工作，凝聚创建工作的整体合力。其组织结构图（见图 3–4）很好地体现了这样的特征。

1. 领导小组

社区成立了街道综合减灾示范社区创建领导小组，街道办事处主任为组长，相关副主任为副组长，相关职能科室及社区单位如综治办、城管、交警、社区卫生服务中心、公安派出所、民政科等负责人为小组成员。领导小组负责统一

---

① 侯岩主编：《中国城市社区服务体系建设研究报告》，北京：中国经济出版社 2009 年版，第 30 页。

② 同①。

③ 案例来自第四批“全国综合减灾示范社区”申报材料，民政部，2010 年。

领导，制定政策，把握社区综合减灾运行、评估与改进的总体方向，统筹协调创建全国综合减灾示范社区。

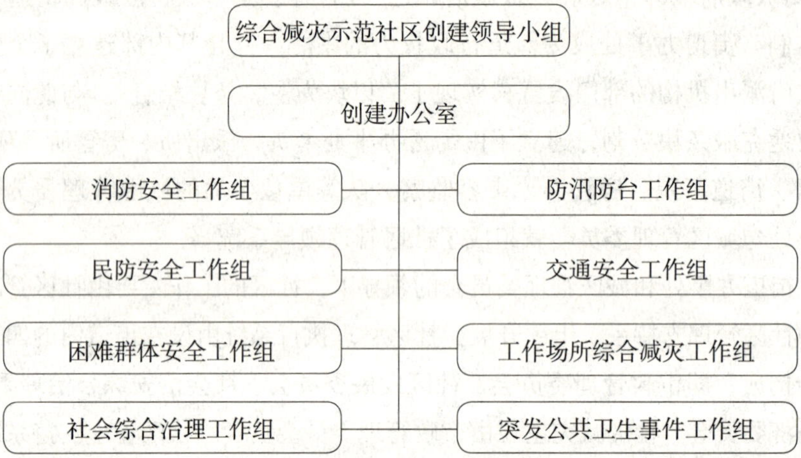

图 3–4　五里桥社区领导小组结构图

2. 创建办公室

领导小组下设创建办公室，由街道残联、民政、卫生局、交警支队及有关同志组成，组织协调综合减灾示范社区创建工作的全面开展；做好整体宣传策划和组织动员工作；承担信息交流、沟通等日常性事务工作；牵头组织专家进行必要的培训和交流；定期向领导小组报告，总体把握整个创建工作。

3. 工作组（项目组）

领导小组办公室下设 8 个重点项目工作小组，即消防安全工作组、防汛防台工作组、民防安全工作组、交通安全工作组、工作场所综合减灾工作组、困难群体安全工作组、社会综合治理工作组、突发公共卫生事件工作组；由街道有关科室、相关社会组织、居民区代表、物业代表等部门成员组成，并配备灾害信息员，及时监测灾害信息，共同负责组织防灾减灾项目的具体实施，并根据创建综合减灾示范社区的要求，由各工作小组起草相应的项目计划、进行自我评估、总结和改进，项目工作组（责任部门）定期召开联席会议，研究、检查和落实项目的推进情况，做好材料收集、整理、归档，及时通报工作进度及相关信息。

（三）组织网络

在街道的主导下，社区内的企事业单位、社会组织及志愿者都对社区减灾工作给予了大力支持，并由此形成了一个多层级、多主体的组织网络（见图 3–5）。

1. 五里桥社区内事业单位积极参与综合减灾示范社区建设工作，组织开展本单位的防灾减灾活动。例如，医院关注社区困难人群，学校积极开展防灾教育培训工作，提高学生的防灾减灾意识和能力。

2. 社区内企业定期组织安全生产教育和培训。社区内企业配合五里桥街道，组织公司人员参加防灾减灾教育和培训工作，充分利用全国“安全生产月”等活动载体，不断开拓宣传教育渠道，创新宣传教育形式，进一步营造“关爱生命，关注安全”的浓厚氛围。

3. 社会组织、社区志愿者积极承担防灾减灾相关工作。五里桥街道与卢湾区心理咨询师协会合作，由国家二级心理咨询师和社区志愿者为居民提供心理咨询、心理援助等服务，帮助居民化解各种各样的心理危机。灾害发生后，则安排通过专业式、互动式、情感化的心理咨询和心理干预，降低居民心理忧虑。

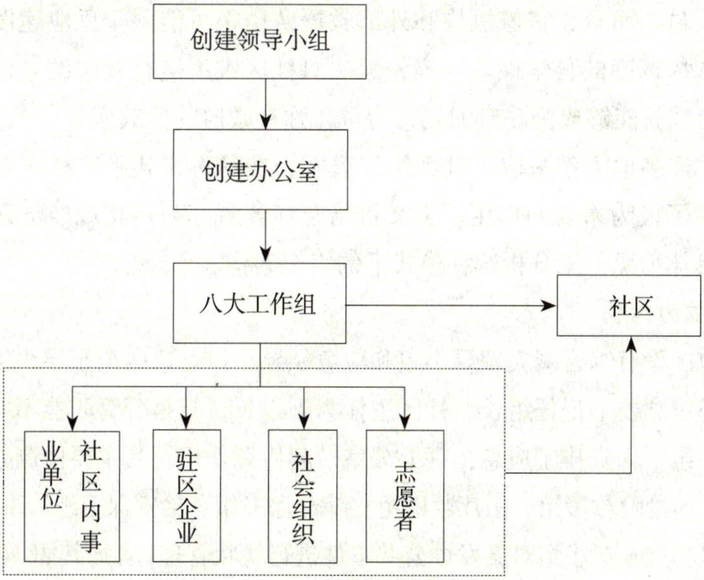

图 3–5　五里桥社区组织网络图

虽然社区内的社会组织、驻区单位、志愿者参与了大量的社区减灾工作，但从上文的事例中即可看出，这些非官方的团队和营利组织大部分是在街道的安排组织下参与进来的。例如志愿者队伍由街道组建，并加以培训；灾后心理咨询是街道与卢湾区心理咨询师协会的合作项目；街道与企业签订安全生产责任书，等等。可见，街道或是通过八大工作组直接作用于社区居民的防灾减灾，或是吸收社会力量，使社会力量在其掌控下参与到社区减灾的工作中去。

除了五里桥社区，上海的其他街道虽然会在工作小组的数量、功能上进行调整，但都基本采用这种组织结构：即在街道主导的社区减灾中，由街道建立领导小组、创建办公室和工作小组三级管理体系，对内“以条为主，条块结合”，对外指导社区居民、企事业单位、社会组织等开展工作。

三、社区组织模式

（一）形成机制

随着城市社区建设的深入，政府已经逐渐退出社区的事务工作，减少了对公共事务的直接干预，同时还积极培育社区自治能力，提高社区自我管理水平。因此，社区自治组织在防灾减灾过程中，发挥着日益重要的作用。毕竟最关心社区民众的财产的人莫过于财产的所有者本身，而非对此有保护责任的政府部门和公务人员。而且，官僚机构和外部救援队伍很可能限于反应速度、系统支持条件、指挥调度的科学性等因素，无法对社区灾害进行及时的救助。社区自治组织的出现就能够成为政府的先行力量，弥补政府的低效率。

因此，许多地方都采取了社区组织模式。在这种模式下，社区在组织减灾工作中发挥了极为重要的作用。下文将结合江苏省苏州市相城经济开发区泰元社区[①]的具体情况，来分析这种模式下的组织架构。

（二）权力结构

泰元社区设有综合减灾领导小组和应急领导小组。这两个领导小组没有上下级之分，都以党委书记任组长、社区主任为副组长，只是分管职能不同而已。在应急领导小组下面安排了应急指挥办公室，起协调作用。其主要协调6个工作小组的工作，即抢险救援组、医疗救助组、综合保障组、治安保卫组、事故调查组、善后处理组。这6个小组对突发性公共事件进行块状管理，各司其职（见图3–6）。

1. 综合减灾领导小组

其职责是全面组织开展综合减灾示范社区的创建、运行、评估与改进工作，编制预案和风险地图，开展演习以及调动社区内的各种资源，使其共同参与社区综合减灾活动，以及减灾绩效评审。

---

① 案例来自第四批“全国综合减灾示范社区”申报材料，民政部，2010年。

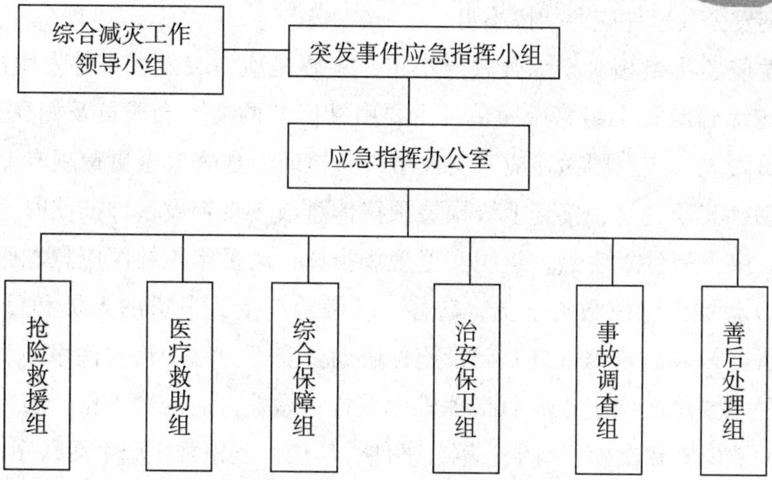

图 3–6　泰元社区组织结构图

虽然该小组并没有明确的内部组织构架，但从构成人员的身份便可看出综合减灾工作小组的人员结构。小组人员的具体身份背景如下：

组长：党委书记

副组长：居委会主任、党委副书记

成员：A 党委委员、物业公司经理

B 党委委员、居委会副主任，分管民政工作

C 党委委员、民兵营长、团支部书记，分管安全生产

D 党委委员、居委会委员，分管泰元家园物业

E 党委委员、妇代会主任

F 党委委员、调委会主任，分管安全生产

G 居委会委员，分管登云家园物业

H 社区民警

I 社区医院负责人

J 澄阳小学校长

K 采莲幼儿园园长

从以上可以看出，小组组成人员从身份来说，大部分是社区“两委”成员，而从来源来看，包括来自居委会、团支部、妇代会、民警队伍和调委会这样具有官方背景的组织。可见，社区日常的减灾工作是在社区“两委”的带动下开展起来的，行政氛围浓厚。

2. 突发公共事件应急指挥小组

突发应急小组相对于综合领导小组，主要是应对突发性事件发生的组织。该小组比综合减灾小组略微简单，主要由社区“两委”会成员及妇联、民兵、共青团负责人组成。因为在应对突发事件救援时，居委会会更重视专业人员的及时行动。其职责是，接到上级预警预报信息或发现突发事件征兆时，启动应急预案；突发事件发生后，组织实施现场指挥；动员组织社区应急志愿者救援队伍展开救援；组织救治伤员，转移、疏散容易受到危害的人员和重要财产；配合有关部门开展抢修恢复基础设施；协助公安部门维护治安秩序；及时将现场的各种重要情况向上级应急指挥机构报告；做好善后处理工作，防止事件出现“放大效应”和次生、衍生、耦合事件；尽快恢复正常生产生活秩序。

3. 应急指挥办公室

应急指挥办公室的负责人为居委会副主任，在应急指挥小组以下，项目小组长以上，起着上通下达、协调宣传的作用。其主要职责是负责突发事件的预警预报，收集掌握突发事件的发生进展情况，及时上报；向指挥组提出处置建议，综合协调救援救助工作；宣传相关的法律、法规、政策，做好上级新闻单位人员的接待工作。

4. 应急专项小组

在应急指挥办公室下面，社区设立了六个专项小组。分别是抢险救援组、医疗救助组、综合保障组、治安保卫组、事故调查组、善后处理组。六个小组在各自负责人的带领下，分块管理，各司其职。其工作内容涵盖了突发事件发生的全过程。

对权力结构的分析可得，社区针对减灾工作搭建的组织架构具有很强的行政色彩，以社区“两委”工作人员为主，层级节制，条块分割。这使得突发事件发生时，救灾工作较为职业化、专业化。在日常的减灾综合领导工作中，又有驻区单位负责人的参与，调动了社区内的人力、财力和物力。

（三）组织网络

泰元社区防灾减灾工作同样有社会力量的参与。相城经济开发区管委会社会事务发展局对社区防灾减灾活动实行长效管理，与社区内各企业单位签订安全生产责任状，每年定期开展安全生产培训及督促开展防灾演练。社区内澄阳小学、采莲幼儿园、采莲商业广场、周边相关单位签订共建协议，积极参与社区防灾减灾活动，与社区500多名志愿者共建平安社区。

在吸纳了社会力量后的综合减灾组织网络类似于街道主导的网络，只是将层级从街道降低到社区本身。社区居委会取代街道办事处在具体的减灾工作中发挥主要作用。组织学认为，扁平化组织更具有灵活性。在泰元社区这个事例中，我们可以结合社区应急指挥小组下设的项目小组如何灵活运作于突发事件发生的全过程，而动态地观察整个组织网络。首先整个减灾活动起始于市、区、开发区指挥系统，说明即使社区主要负责减灾工作，但政府的领导地位仍不可动摇。在指挥系统启动后，社区级的应急组织开始运作，包括协调作用的办公室，直接投入减灾的抢险、救灾、救护和保障等项目小组，此时志愿者队伍也开始行动起来，积极争取救灾时间。在行动的时候，治安组和办公室开始收集掌握灾情基本信息情况。一方面社区“两委”会将灾情事故、预警信息评估等上报给指挥系统，使得整个过程形成一个回路，由指挥系统及时调整策略；另一方面，减灾工作继续往下发展，共青团、民兵和抢险组分析事故原因和设计现场处置人员转移方案。继而驻地单位、居民自身、应急分队、转移队伍参与到安置场所选择上。在前方迅速行动的同时，后方的物资后勤保障也需要在社会组织、驻地单位、妇代会、老协会等组织的协作下提供给受灾群众。最后，便是需要社区“两委”会、办公室和居民长期持续的灾后重建。

从对过程的分析中便可看出：首先，社区应急领导小组下设的项目小组能灵活加入到社区减灾中。其次，在救灾的每一环节中，都需要多个部门或组织相互合作。最后，社区组织和志愿者队伍、驻地企业、社会组织都积极参与到减灾活动中，但从出现的频率即可看出社区组织仍占主要地位，且社会力量主要从事一些非专业性的救灾事务。

四、合作模式

（一）形成机制

减灾防灾需要社会共同参与，即使在行政指导下的社区减灾同样需要吸收社会力量的参与。近年来，中国的灾害管理和减灾体系逐步走向成熟，相关的社会团体（社会组织、志愿者队伍和企业等）参与十分活跃，而如何有效组织社会团体参与减灾已经是一个不容忽视的问题。

2007年以来，民政部（MCA）与亚洲基金会（TAF）共同实施了“灾害管理公共合作项目”，该项目旨在通过举办提高公众减灾意识研讨会、企业和民间组织参加的防灾减灾知识培训班、社区层面的救灾演练等活动，促进政府、企业、社区和民间组织之间的协作，建立一个基于社区层面的防灾减灾协作项目[①]。宁波市北仑区和青岛市市南区被选为一期试点区。下文将以青岛市市南区以及其中的漳州路社区[②]为例，展开介绍。

（二）权力结构

漳州路社区中由各驻社区企业、事业单位、医院、学校以及居委会工作人员组成了防灾减灾领导组织机构（见图 3–7），主要负责防灾减灾、灾后转移安置等各项工作，制定减灾工作职责。其中，成员分工明确，各项职责责任到人。做到定人员，以小组为单位，组织社区居民有秩序地按照疏散路线进入各指定的应急避难场所。

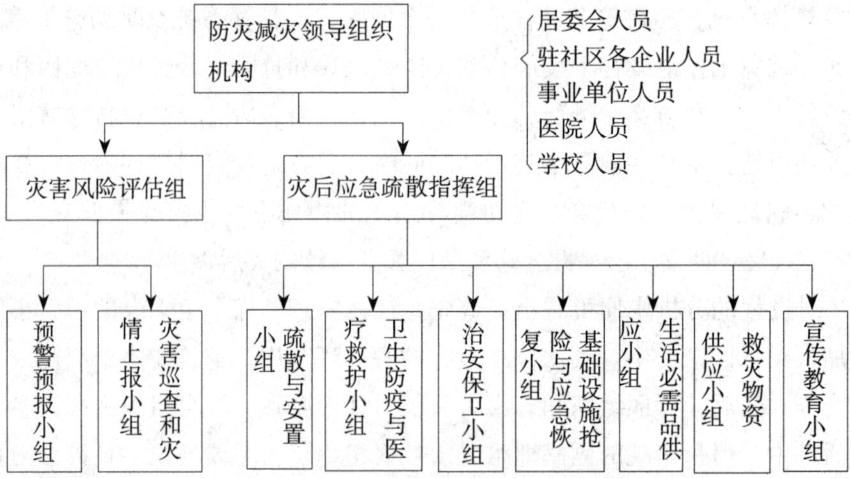

图 3–7　漳州路社区减灾领导组织结构图

社区还成立了灾害风险评估组和灾后应急疏散指挥组，下设灾害的预警预报小组、灾害巡查和灾情上报小组、疏散与安置小组、卫生防疫与医疗救护小组、治安保卫小组、基础设施抢险与应急恢复小组、生活必需品供应小组、救灾物资供应小组和宣传教育小组。社区 66 座居民楼进行分片管理，由党支部书

① 黄煌、王玉海、潘谊、孙燕娜：《社区综合减灾防灾管理公共合作的经验与启示——民政部与亚洲基金会灾害管理合作项目的尝试》，载于《城市减灾》，2010 年第 3 期。

② 案例来自第四批“全国综合减灾示范社区”申报材料，民政部，2010 年。

记、社区主任、楼组长等主要力量担任负责人，保证灾害发生后居民有序地安置到各个应急避难场所。

与上文两种模式相似的是，合作下的权力架构仍然是分层管理，条块结合的，分区负责。但分析防灾减灾领导组织机构的人员背景时便能发现，其人员构成更为丰富，各驻区企业、事业单位、医院、学校以及居委会工作人员都进入了减灾工作的决策领导层。这也意味着，社区内的社会力量所发挥的已不仅仅是配合作用，更多的是以合作者的身份参与其中。

（三）组织网络

青岛市市南区作为试点地区，以社区为载体，以防灾减灾活动为形式，通过各种不同层级的组织调动属地政府力量、民间非政府志愿者力量以及本土企业力量，促进其交流与合作，逐步形成了“政府主导、企业支持、公众参与”的防灾减灾组织网络体系。

合作的主要内容包括：

（1）构建多方合作协调委员会。

（2）构建灾害管理公共合作联络员会议制度。

（3）构建灾害管理公共合作资源共享平台。

（4）通过经常性举办灾害活动提高合作意识。[①]

正如第一部分的分析所说，政府始终起着领导作用。但其发挥的作用方式开始转变：①预防为主。制订应急预案，确保资金到位，物资存储充足。②强化管理。市南区成立了突发公共事件应急指挥办公室，建立健全城市防灾减灾应急指挥系统；区机关工作人员组成了抢险、医疗、清理等多支应急队伍，并定期组织应急救灾演练，提高了队伍应对灾害能力，检验了防灾减灾应急预案的科学性和可行性[②]。③搭建平台。根据实际情况，调整充实了区社会救助工作协调委员会，把灾害管理作为委员会的重要职能之一，并针对城市防灾减灾工作需要，吸纳部分企事业单位和民间组织成为协调委员会的成员单位，使更多资源参与防灾减灾工作。通过定期召开委员会例会、新闻媒体宣传、组织研讨

---

① 黄煌、王玉海、潘谊、孙燕娜：《社区综合减灾防灾管理公共合作的经验与启示——民政部与亚洲基金会灾害管理合作项目的尝试》，载于《城市减灾》，2010 年第 3 期。

② 市南区政府民政局：《市南区城市社区减灾救灾新模式建设规划》，2008 年 4 月 9 日。

培训等多种形式，向企事业单位和社会团体介绍城市防灾减灾和灾害管理公共合作项目内容，引导他们以自身现有资源参与合作。

企业支持，一方面是指企业积极参与减灾救灾工作。例如，自项目开展以来，青岛市市南区经过积极宣传和引导，已有20余家企业单位参与合作项目。企业根据自身的特点，以组建救灾义工队伍、无偿服务群众、参加社区防灾减灾演练等多种方式，参与到防灾减灾工作中。某有限公司出资5000元，成为“备灾减灾专项救助金”的第一笔捐款；还有企业在其内部组建了抗灾志愿者队伍，志愿者共计180余人；某大酒店承诺灾害发生时为社区居民提供应急安置场所和食品物资；属地医院组建了救灾医疗队，提供灾时医疗救助；通信公司通过网络和短信群发系统，为用户发送防灾减灾安全救助知识，同时承诺灾害发生时确保通信畅通[①]。另一方面是指企业主动开展减灾活动。青岛市市南区企业将防灾减灾作为安全生产的一项重要工作来抓，要求企业根据业务范围建立健全灾害应急制度加强内部教育培训，提高员工的防灾减灾意识和技能。按质检要求定期检修更新相关设备，排除灾害隐患。

此外，漳州路社区内有一所小学、一所幼儿园、一个社区医院、两支志愿者队伍和八个社会组织。学校及幼儿园主要针对暴雨、雷击、地震、火灾、校舍倒塌等灾害事故，组织师生有效开展专门的紧急疏散、自救、互救与逃生演练活动，提高对事故灾难的应对能力。严格防控校园伤害事件，结合校园周边环境专项检查工作，治理校园周边治安秩序，净化校园周边文化环境。加强学校门卫管理，落实校园、学生宿舍值班巡逻制度，严防外来人员对师生的伤害。社区医院配合社区做好防灾演练的医疗救护工作，并选派专业人员到社区为居民讲解简单易行的自救常识。志愿者队伍主要负责社区每天的治安巡逻；不文明行为的劝导；各种信息的采集；各种纠纷的调解，并参与社会各种重大事件的处理。社会组织利用自身优势，主动参与隐患排查、风险评估、宣传教育和应急演练等社区减灾活动，以社区夏季纳凉晚会及各种市、区、街的主题活动为平台，融进减灾的知识和内容，开展形式多样的宣传教育活动，拓展了减灾知识在居民群众中的知晓率，特色鲜明、鲜活，深受广大居民群众的欢迎。使减灾示范社区的创建活动变得更加有意义、更加富有朝气。

① 市南区政府民政局:《市南区城市社区减灾救灾新模式建设规划》，2008年4月9日。

总而言之，这种组织网络的运行原则为：①服从政府统一领导，分级管理，条块结合，以块为主。②以人为本，最大限度地保护社区人民群众的生命和财产安全。③社区与驻区单位等各部门密切配合，分工协作，各司其职，各尽其责。④依靠社区群众，充分发挥人民群众和公益性社会团体的作用。

第三节　模式比较

驻区单位支撑模式是我国基层社会“单位制”时期的历史遗留，“社区制”逐步取代“单位制”已成为不可否认的事实。因此，在这里不再将其与其他模式进行详细的分析比较。下文将对基层政府组织、社区组织和合作模式进行比较。

一、主体间关系

根据上文的介绍可见，三种模式的根本特征都在于主体间的关系，即各主体在社区减灾活动中是如何整合到一起的。

（一）共通点

尽管各个模式的具体权力结构、组织网络不尽相同，但就目前的社会背景来看，三种模式有一个最大的共性：政府是社区建设的组织者或推动者。一方面，由于历史原因、现行政策（包括严格限制非政府组织发育）和治理理念（政府是社会安全和国家发展的主要承担者和最后承担者），政府控制着大量的经济、组织和社会资源[①]；另一方面，中国的社会力量还不够强大，在与政府的长期磨合中，习惯了配角的角色，缺乏独立行动的意愿和能力。在社区减灾中，社会力量无论是被动卷入还是积极参与，都需要服从政府的组织或引导。如果说在以基层政府为主要组织者的上海管理模式中，政府主导是必然的话，那么青岛市市南区合作模式中政府的作用就更能印证这种观点。“灾害管理公共合作项目”中，青岛市市南区的第一项工作就是由市政府牵头，构建多方合作协调委员会。至于社区组织模式，更像是前两者之间的过渡形式。尽管社区成为减灾工作的

---

① 侯岩主编:《中国城市社区服务体系建设研究报告》,北京,中国经济出版社2009年第1版,第33页。

主要组织者，但社区内部行政化明显，并与政府保持着密切的联系，社会力量的参与途径较为单一。泰元社区组建的综合减灾小组中，是由社区“两委”成员和事业单位负责人组成，草根力量并未参与到社区减灾的领导中。

（二）不同点

深入分析三种模式便能发现，三者之间的主要区别也在于公共服务提供主体与社会力量之间的关系。下文将引入公共服务供给中的“吸纳式供给”与“合作式供给”两个概念来进行具体阐述。“吸纳式供给”是指，基层政府（或派出机构）为社区公共服务的供给主体，辖区内的企业、民间组织和志愿者被基层政府所吸纳，共同参与公共服务的供给。“合作式供给”则是社区与驻区企业、民间组织、志愿者形成合作伙伴关系，共同提供社区公共服务。① 根据概念界定可得，第一种为“吸纳式供给”减灾服务，而后两种为“合作式供给”。

1. 主要组织者

基层政府组织模式中，街道为最重要的主体，强调依靠行政力量，在街居联动的过程中进行防灾减灾工作。街道成为三级管理中的一级，街道作为街道行政权力的中心，牵头建立了城区管理委员会。街道办事处与其共同组成社区管理领导系统，管理包括减灾在内的社区事务。这种模式是明显的“吸纳式供给”，由基层政府牵头，吸纳引导各种社会力量参与进减灾服务中来。

社区组织模式下，基层政府不再作为直接公共服务生产者身份出现，社区成为供给社区减灾服务的主角，而不仅仅是协助基层政府提供基本公共服务。这种情况下，社区会组建自己的减灾小组，直接领导减灾活动。在这方面，社区组织模式已区别于基层政府组织模式，并决定了其“合作式供给”的特征。

合作模式中，政府与社会力量采取的同样是“合作式供给”方式。与社区组织模式相似，社区仍是灾害管理中的主要角色，政府也不再是直接组织领导者，而与社区组织的区别在于社会力量的参与途径和程度方面。“灾害管理公共合作项目”便是对“合作式供给”方式中社区与社会力量伙伴关系的进一步探索。

2. 减灾组织人员结构

基层政府组织模式在社区减灾方面，街道成立专门的减灾领导小组，由街

---

① 吕芳:《社区公共服务中的“吸纳式供给”与“合作式供给”——以社区减灾为例》,载于《中国行政管理》，2011 年第 8 期。

道相关科室及社区单位组成。上海五里桥社区成立的是街道综合减灾示范社区创建领导小组，街道办主任担任组长职务，组员包括综治办、城管、交警、社区卫生服务中心、派出所、民政科等负责人。小组负责统一领导，制定政策等宏观决策。小组还下设创建办公室和 8 个项目组。从这些机构设置和人员安排上可以看出，大部分组成人员较为专业单一，且多为基层政府的工作人员，带有明显的行政特性。

社区组织模式里，社区自身构建防灾减灾工作体系。人员的构成上自然也会有所改变。江苏泰元社区便创设了综合减灾领导小组和应急领导小组。社区组织较为全面地涵盖了减灾工作的各方面，起到了统领的作用。人员构成也较为单一专业，虽已不是基层政府或派出机构的工作人员，但大多是社区“两委”成员和事业单位负责人，均具有一定的行政背景。

合作模式仍然是由社区出面组织各项减灾工作。漳州路社区成立了灾害风险评估组和灾后应急疏散指挥组。与前两种模式下的领导小组相似，都是分层管理，条块结合，分区负责。但在人员组成上发生了变化，除了有行政背景的人员外，驻区企业的负责人也进入到了减灾工作的决策领导层。

3. 多元主体参与途径

（1）基层政府组织模式

基层政府组织下的社区，其社会力量参与过程主要是：辖区内企事业单位配合街道，对内开展安全教育，对外参与到社区减灾宣传、服务工作中。社会组织、志愿者在街道的牵线下为社区居民提供服务。五里桥街道与卢湾区心理咨询师协会的合作就是较为典型的例子。

五里桥社区提供减灾服务便是一种“吸纳式供给”。在这种模式下，基层政府及其派出机构成为主要力量，各社会力量只是一种配合和补充。五里桥街道就在组织人员、资源等方面大力支持社区减灾，并建立领导小组领导社区减灾工作。领导小组在直接服务于社区的同时，还吸收驻区单位、社会组织、志愿者的力量，组织推动这些社会力量参与到社区减灾之中，为社区居民服务。这里的基层政府与各社会力量是组织者与参与者的关系，参与人员或为自身利益，或为社会责任配合社区减灾服务的工作。

（2）社区组织模式

在社区组织的社区中，社区内的社会力量同样参与了减灾活动，而且参与方式更为多样。以泰元社区为例，企业单位与社区签订安全生产责任状，保证自身生产工作的安全运行；能够提供场所等资源的驻区单位与社区签订共建协议，承诺为社区减灾提供资源保障。另外，社区通过与驻区单位、民间组织签订生产合同的方式利用驻区企事业单位的资源，提供减灾服务。

与前一模式有所区别的是，社会力量的志愿行为更为丰富。包括：①设立防灾基金。社区内数家企业建立了一个防灾基金会，2009 年防灾基金会投入 166 万元，用于泰元路、澄月路下水道改造项目、打工楼用电线路、消防设施专项整治项目、综合防灾科普馆建设、五位一体综治办及小区技防建设、常规防灾储备物资、常规防灾宣传教育经费、安全生产检查队等。②加入志愿者队伍。目前社区企事业的志愿者人数达 555 人，先后成立了以社区民兵和联防队员以及绿化养护公司工人为主的抢险救援队，以私家车主为主体的志愿服务队，以女性党团员为主体的生活保障队，以社区医生和退休（改行）医护人员为主体的医疗救护队。同时制定了社区应急志愿者行动准则、义务医疗队职责、巾帼生活保障队职责、义务消防队职责等各类职责，并将社区独居老人和空巢孤寡老人列入重点帮扶对象，一旦发生自然灾害即可快速实施点对点结对救助[①]。

与前一种模式相比，首先组织者从基层政府及其派出机关下降到了社区。此时，减灾组织的结构扁平化，能相对灵活地应对社区内的突发情况。更重要的是，社区与社区内的社会力量地位更为接近，日常接触更为频繁，平时的交流也更为简单。因此，“合作性供给”就此产生。“合作性供给”中，社区与社区内的驻区单位、社会组织、志愿者队伍等形成了伙伴关系。但是在这种模式下，此处的伙伴关系仅是相对前一种模式来说的，而非理想的。例如，泰元社区中的社会力量确实有了更多的形式提供减灾公共服务，但社区综合减灾领导小组中，组成人员均有行政背景，其他的社会人员并没有参与到宏观的减灾决策中。换而言之，社区依然在基层政府的巨大影响下运作，而企事业单位、社会组织、志愿者们只是在实施一些社区安排好的工作。他们的主要任务仍是配合工作，但由于配合工作的对象变了，各社会力量地位有所提高，并且由此而产生了更为积极的志愿行为。

---

① 吕芳:《社区公共服务中的“吸纳式供给”与“合作式供给”——以社区减灾为例》，载于《中国行政管理》，2011 年第 8 期。

（3）合作模式

合作模式更为强调多方合作。例如青岛市市南区，以当地街道办事处、社会组织以及驻地企业成员组建了多方合作的协调委员会，平时还建立了灾害管理公共合作项目联络员会议制度。加强了社企合作，提高企业公共安全和应急避灾能力，交流学习各单位防灾减灾方面的经验。另外，还构建了灾害管理公共合作资源共享平台。减灾防灾资源共享平台是灾害管理公共合作的基础，主要包括物资避灾基地、信息平台以及人力资源三方面。该平台加强了各主体间在资源方面的联系。社区日常还经常举办减灾防灾活动，以提高合作意识。

社会力量在合作模式中相较于社区主导模式，地位又进一步得到提升。驻区企业的负责人开始参与到灾害管理中，而非只是单纯的配合者。社会力量参与途径得到拓展，通过多方合作协调委员会、联络员会议、资源分享平台和日常减灾活动，驻区企业、社会组织等与社区、街道办的关系变得更为紧密。总而言之，社会力量与社区的地位更加接近，并且参与途径更多，关系也比前两种模式更为紧密。

（三）模式渐进图

基于上文的分析，本书将参与途径数量和社会力量在灾害管理的地位作为两项衡量指标，进行了一个定性的分析。在参与途径方面（见表 3–1），基层政府组织模式，因为仅仅是配合政府工作，大部分社会力量不具有主动参与的积极性，因此参与途径较为单一。社区组织模式中，灾害管理权下放到社区，社区中的多元主体就有机会以较平等的姿态采取更为丰富的方式，通过签订共建协议、生产合同、建立基金会和众多志愿行动，加入到社区减灾中。合作模式更进一步，不仅有共建协议、基金会等方式，还可以参与到多方合作的协调委员会、资源共享平台中去，扩展了多元社会主体参与社区减灾的途径，增强了合作意识，密切了伙伴关系。

表 3–1　三种模式比较

模式	基层政府组织模式	社区组织模式	合作模式
参与途径	配合街道办工作	共建协议、签订生产合同、基金会、志愿行为	共建协议、基金会、多方合作的协调委员会、资源共享平台

社会力量在灾害管理中的地位也因在不同模式中有所区别。这从对参与途径和防灾减灾组织的人员结构的分析便能清晰地得出比较结果。基层政府组织模式中，社会力量处于被支配地位，单纯执行基层政府及其派出机构分派的任务，在灾害管理中的地位较低。社区组织中，社区内的社会力量开始与社区以及基层政府进行平等对话，如通过签订协议、合同方式来进行合作。但社会力量中的代表还是不能直接参与到灾害管理的领导小组中。在合作模式中，社会力量不仅与社区、基层政府以平等的主体地位签订协议，并且能够参与到多方合作协商委员会、资源共享平台中去。在社区的减灾领导小组中也有了社区企业的代表。可见，三者的地位呈现递增的趋势。

将两项指标相结合，便能得出三种模式的渐进图（见图 3–8）。离原点越远，就意味着，社会力量与政府或社区的伙伴关系越成熟。显而易见，三者间存在着渐进的关系，社区组织的模式已经步入了“合作式供给”减灾服务的范围，社会力量开始加入到行政化明显的社区灾害管理组织中去。合作模式与社区组织模式相比，在参与途径和地位上都有了新的发展。社区减灾模式是否应该并且可能沿着这样的路径发展，还需具体分析这几种模式的优劣势以及外部环境因素。

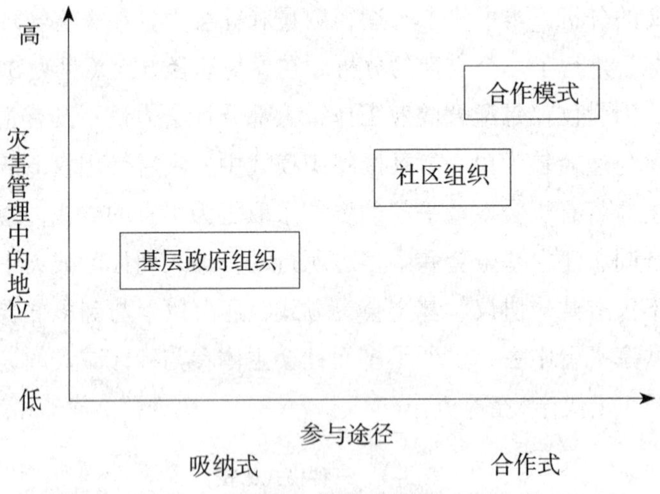

图 3–8　模式渐进图

二、SWOT 分析

SWOT 分析法原用于企业战略规划，包括分析企业的优势（Strengths）、劣势（Weaknesses）、机遇（Opportunities）和挑战（Threats）。现将其运用于三种模式的分析比较，以此得出模式本身的优劣势和外部环境对模式选择的影响。

（一）基层政府组织模式

基层政府组织模式的SWOT分析（见表3–2）如下：

表3–2　基层组织模式SWOT分析

优势S:（1）资源优势 （2）减灾工作专业	劣势W:（1）资源利用率不高 （2）救援具有滞后性
机遇O:（1）政府内部的考核机制 （2）基层政府财力较雄厚	挑战T:（1）社会力量逐渐壮大 （2）财政压力大

1. 基层政府组织模式中，政府能利用自身的权威，在短时间内迅速集结减灾抗灾活动所需要的人力、财力和物力。政府部门有专门部门负责减灾工作，专业性强。

2. 因为基层政府无法了解每个社区的特殊需求，所以对减灾资源的统一调控，不利于高效利用，进而产生需求不足或者供给过剩。同时，政府组织的层级节制以及没有置身于社区，会导致基层政府无法及时采取措施，在第一时间进行救援。

3. 基层政府组织模式形成与发展的机遇在于两个因素：行政考核形成的压力环境和基层政府较雄厚的财力。街道选择供给公共服务的一个依据是上级政府有没有下达相关的考核指标、评比、问责[①]。尤其是防灾减灾活动关系到社会稳定，因此无论上级政府还是基层政府都有压力去做好该项工作。如果基层政府的财力较为雄厚，便有能力承担起自己相应的事权，做到事权与财权相匹配，做好防灾减灾工作。所以经济发达的上海市能做到直接由街道办来指导和组织社区减灾。

4. 但这种模式现今也面临着挑战：一是随着社会资本的积累，社会力量的逐渐崛起，越来越多的草根组织希望参与到社区减灾过程中去。二是财政压力仍然存在。尽管经济迅猛发展，但1994年分税制实施后，地方政府财政收入领

① 吕芳:《社区公共服务中的“吸纳式供给”与“合作式供给”——以社区减灾为例》，载于《中国行政管理》，2011年第8期。

域变少，财政压力增大。因此，对于直接管理社区减灾，大部分地区基层政府恐无力维系。

（二）社区组织模式

社区组织模式的 SWOT 分析（见表 3–3）如下：

表 3–3　社区组织模式 SWOT 分析

优势 S:（1）提供的资源利用率高 （2）反应速度迅速	劣势 W:（1）资源不充分 （2）减灾工作缺乏专业性
机遇 O:（1）政府权力下放 （2）社会力量壮大 （3）政府购买服务等民营化方式流行	挑战 T:（1）社区组织行政化 （2）事权与财权不匹配 （3）社会力量仍需发展

1. 社区组织模式相对于基层政府主导模式而言，存在以下优势：（1）社区植根于居民中，了解居民的具体需求。因此，在灾害过程中，能准确供给居民的所需所求，提高了资源的利用率。（2）同样由于社区组织置身于社区之中，能第一时间感知灾害，并在专业救援队伍进行救援前，及时采取措施，弥补这段时间的空白。

2. 相比政府可利用权威来集中资源办事，社区的资源筹集能力不足，即使有社会力量的参与，但参与度不足，导致防灾减灾过程中的资源缺乏。同时，社区减灾领导小组的成员大多是社区“两委”成员，很少是减灾相关方面的从业者，而社会组织和驻区企业、志愿者队伍中同样缺少专业人员，这将影响减灾工作的专业性。

3. 随着社会力量的壮大，政府职能的转变以及基层政府财政压力，许多基层政府或主动或被动地下放权力，将灾害管理的具体工作交由社区。同时，许多社会力量逐步壮大，希望参与到减灾工作中，期望与社区或基层政府形成良好的合作伙伴关系。另外，政府购买服务等民营化方式的使用与流行，也使得这种模式成为可能。

4. 面临的挑战有：（1）社区组织行政化。社区减灾领导组织仍然是层级节制，工作人员大多是社区“两委”成员，行政化趋势较明显，这便影响了与社会其他主体伙伴关系的建立。（2）事权与财权不匹配。这种“职能外溢”现象使得社区的事权远远超过了其财权，在减灾过程中资金压力大。（3）社会力量仍需发展。如何扩大参与途径，提高社会力量在参与过程中的地位，从而壮大社会力量，仍是今后面临的一个挑战。

（三）合作模式

合作模式的 SWOT 分析（见表 3–4）如下：

表 3–4　合作模式 SWOT 分析

优势 S：（1）提供的资源利用率高 （2）反应速度迅速 （3）社会力量参与积极性更大	劣势 W：（1）资源不够充分 （2）减灾工作较缺乏专业性
机遇 O：（1）政府权力下放 （2）社会力量的壮大 （3）政府购买服务等民营化方式流行 （4）经验积累 （5）“灾害管理公共合作项目”支持与推广	挑战 T：（1）事权与财权不匹配 （2）社区行政化 （3）社会力量仍需发展

合作模式，是第二种模式的进一步发展，所以在很多方面有着共同点。下面仅从不同之处进行说明。

1. 优势上合作模式中社会力量参与的积极性更为强大。多元主体被吸收入各种协商、领导小组，参与减灾工作的协商，并且与社区组织、基层政府资源共享，因而有了更大的动力自愿参与到减灾中。

2. 劣势上虽仍存在第二种模式中的问题，但因为政府的重视与推动，比如协助资源的调配，培训组织人员等，以及参与主体更为广泛专业，这两个问题都有所好转。

3. 机遇方面，采用合作模式的社区，一方面有了更多经验的借鉴和学习；另一方面又恰逢“灾害管理公共合作项目”实施与推广，使得社区与社会力量合作伙伴关系的建立有了领路人。

4. 合作模式面临的挑战与前者一样，最为主要的还是解决社区行政化的问题。

小 结

本章节从政府、社区以及其他多元主体间关系的角度入手，介绍了四种组织框架，并对其中常见的三种，即基层政府组织模式、社区组织模式和合作模式进行了分析比较，以及 SWOT 评估，从而得到了三种模式的异同点和优缺点以及各自的外部环境。

可以了解到，三种模式与政府的关系中，最大的共同点就是政府在整个社区减灾中仍处于绝对主导地位，并且这种地位在短期内不会动摇。尽管在有些模式中，政府已经不再直接进行灾害管理，但始终是社区减灾活动的最主要的推动者。

文中分析三种模式不同点着眼于基层政府或社区与社会力量的关系上。第一种模式中，减灾服务的供给属于“吸纳式供给”方式，基层政府及其派出机构在主导减灾工作的时候，根据需要，吸纳社会力量，因此政府与社会力量的关系属于组织与参与关系。第二种模式，社区开始主持减灾工作，供给方式变成了“合作式供给”方式，驻区企事业单位、社会组织、志愿者队伍与社区开始以伙伴关系进行合作。但这种合作伙伴关系并非完全平等，社区的行政化背景、参与途径和参与地位等因素使得许多社会力量有被动卷入的情况。第三种模式是在第二种模式基础上进行的进一步探索，在“灾害管理公共合作项目”和政府的推动下，这种伙伴关系得到了进一步的发展，参与途径得到拓宽，参与地位有所提高。

最后在进行 SWOT 分析后得出，采取哪种模式与政府财政能力、行政考核压力、社会力量是否壮大有关。三种模式各有利弊，在现在的环境下都有存在的可能性。不过无论哪种模式，社会力量的参与都是必定的，只是参与方式与程度的不同而已。但若预期政府职能转变、社会力量逐渐活跃，那么渐进发展的路径是可能实现的。

第四章 社区灾害管理的运行机制

在社区灾害管理中，灾害管理的运行机制在整个社区防灾减灾工作中起到十分重要的作用。社区灾害管理的运行机制包括纵向运行机制和横向运行机制。社区灾害管理的纵向运行机制和横向运行机制构建得是否合理，是否健全，关系着社区防灾的效果和灾害发生后减灾救灾的效果。本章立足于社区灾害管理的运行机制，针对社区灾害管理中产生的各种问题来进行阐述。

第一节 社区灾害管理横向工作机制

社区灾害管理机制包括横向管理体制和纵向管理体制，横向管理体制涉及社区灾害的参与机制、动员机制和灾害沟通机制，是全方位地进行灾害管理。纵向运行机制侧重的是整个防灾、减灾、救灾过程中的具体措施。有效的社区灾害管理离不开良好的工作机制，下面将从横向上探讨我国社区灾害管理的工作机制。

一、社区灾害管理参与机制

社区是居住在一定区域范围内的，由一种具有共同价值观念的同质人口所组成的关系密切的社会共同体。当一个城市发生灾害时，作为社区组成人员的居民会成为灾害的直接承受者，但同时由于社区中的居民和组织的受灾的直接性，也决定了他们会成为对抗灾害的主体。随着对减灾救灾的研究，人们已经愈发认识到，社区多元力量的广泛参与是社区灾害管理成功的重要保障。联合国的国际防灾战略（ISDR）就曾提出，“21 世纪建设更安全的世界”的三大战略之一就是“从强调政府的作用到重视推进建设灾害应对能力强的社区”，从而表明了人们对社区自身力量在防灾减灾中的作用的肯定。在 2005 年的联合国减灾大会上，又明确提出“在所有的社会阶层，特别是在社区建立防灾机制和提高防灾能力”①,我国也在《国家突发公共事件总体应急预案》中强调了“协同应对”原则，明确指出“应发挥社区、企事业单位的作用”。因此，建立和完善多方参与的社区减灾参与机制，已成为进行社区灾害管理的重要内容。

（一）社区灾害管理参与机制内涵

近年来，我国的减灾防灾的灾害管理体系已逐步走向成熟，并初步形成了政府主导、社会参与、优势互补、协同配合的减灾救灾格局，而在社区减灾救灾领域中，也逐渐在向政府、企业、社区组织、居民、志愿者共同参与、协调配合的方向发展。

目前对于社区灾害管理参与机制仍没有明确的定义，但参照减灾救灾中的社会参与的概念，我们可以认为社区灾害管理的参与机制是指社区构成单位及个人全过程参与减灾救灾治理的总称。具体来讲，就是包括基层政府、社区内的企事业单位、社区组织、社区居民及社区志愿者等其他的社区群体力量，在政府的指导下，以合法有效的形式，通过制度化、科学化和规范化的途径，自觉有序地参与到社区减灾救灾的治理过程中。社区减灾救灾参与机制强调了社区内的居民及单位在减灾救灾过程中，作为灾害的直接受体及救灾主体的双重身份，强调应该尊重和发挥普通公众参与减灾救灾的权利和义务，调动他们的积极性，建立起政府力量、社会力量及个人力量相互协调配合的机制，并最终达到减灾救灾的目标。

（二）社区灾害管理参与机制的建立

社区灾害管理参与主体已在组织架构一章中介绍过，即基层政府、社区、驻区单位、社会组织、志愿者和社区居民。这些主体在整个防灾救灾运行机制中发挥着不同的作用。这种“一主多元”的参与机制的建立是一个明确职责、相互协作的动态过程。本章节与上文组织架构章节的区别在于，上文注重不同组织模式的比较，而本章更注重探讨参与机制的构建过程。

社区灾害管理参与机制的建立，对我国的社区减灾救灾工作具有重大的意义，不但可以广泛调动政府和社区自身、志愿者等力量，拓展社区灾害管理的主体，更能够真正实现减灾救灾工作落实到社区。提高社区的自治、自救能力，

① 陈徐东:《社区防灾减灾保障机制的创新》，载于《城市与减灾》，2010 年第 6 期。

是社区灾害管理实现的根本。此外，社区灾害管理中的多方参与机制的建立，是要形成一套长效的参与与合作机制，充分调动各方参与者参与到社区灾害管理中的积极性，使他们可以明确自己的角色与责任，找准自己的位置，并能够把这种参与与合作模式固定下来，成为社区日常管理中的一个常设机制。

2007 年，民政部与亚洲基金会共同实施了“灾害管理公共合作项目”，有关学者在对这一项目的思考总结中提出了“灾害管理公共合作路径模型”（见图 4–1），即首先根据政府、非政府组织、社区公众的特点，界定不同参与主体的角色定位。然后通过宣传达成共识，进而通过设立协调委员会和联络员会议，做到互通有无。再就是进行资源整合，以社区为载体搭建平台，在资源共享基础上形成有效合作。最后纳入到经常性的实践演练之中，并提炼形成制度性规范，把减灾防灾转化为人们的一种习惯行为。[①]

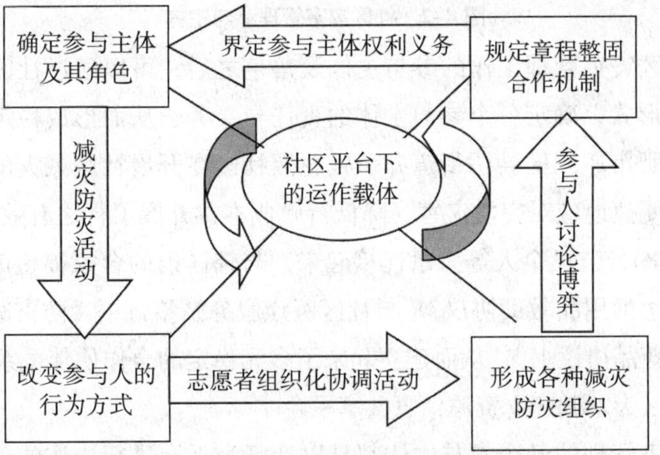

图 4–1　灾害管理工作合作进路模型

参考以上灾害管理工作的合作进路模型[②]，在我国的社区灾害管理中建立参与机制，可以从以下方面着手：

1. 确定参与社区灾害管理的主体及其角色

社区灾害管理的参与主体主要有基层政府、企事业单位、社区组织、社区居民、志愿者，这几个参与主体同时也是社区灾害管理参与机制的直接构成主

---

① 黄煌、王玉海、潘谊：《综合减灾防灾管理公共合作的机制与途径探索——民政部与亚洲基金会灾害管理合作项目的尝试》，国家综合防灾减灾与可持续发展论坛，2010 年。

② 同①。

体。在社区的减灾救灾工作中，基层政府应从宏观上对灾害管理工作予以指导和支持，它是规划者、协调者；企事业单位、社区居民、志愿者是减灾救灾的直接参与者，同时也是减灾救灾的中坚力量；而建立减灾救灾的社区组织，则是社区灾害管理工作能够贴近社区实际、及时有效发挥作用的重要保障（见图 4–2）。

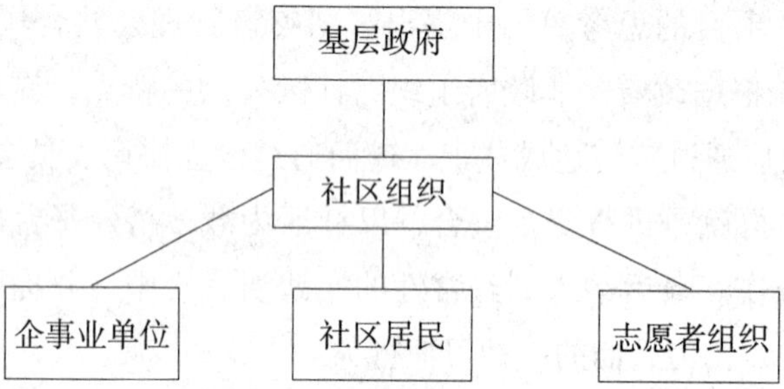

图 4–2　社区灾害管理参与主体

确定社区灾害管理工作的参与主体及角色之后，可以通过社区与各个组织签订协议的形式，确定各个参与主体的责任与义务，从而形成稳定的合作互动机制。如合肥市庐阳区县桥街道办事处花园社区在开展社区减灾的过程中，为了更高效、便捷地应对突发灾害、降低行政成本，开展了行之有效的社会动员，将企业、NGO、公民个人等力量连接起来，与辖区内的合家福超市签订了《防灾减灾基本生活用品救助协议》，与社区医疗服务站签订了《防灾减灾医疗救助及提供医疗药品协议书》，从而建立起来了多元稳定的合作伙伴关系。

2. 以社区为基础建立资源信息共享平台

社区灾害管理的各个参与主体都是以社区为平台进行协作的，在这个平台上，社区有关灾害管理的资源与信息等应该是对所有参与者开放的，无论是有关国家、地方的灾害管理政策法规，还是本社区有关减灾救灾的预案信息、警报信息等，都应该为所有参与者所共享。因而这就需要以社区为依托，建立起一个资源和信息的共享平台。通过这个平台，社区工作人员可以定期向社会及公民个人传达灾害相关信息，使信息可以透明、公开地面向每个灾害管理的参与者。在这方面的建设上，北京市朝阳区望京社区就建立了“望京安全社区网站”，主要用于安全社区推进委员会开展安全健康促进工作。网站设置了国际、国内安全社区介绍，每日环境监测播报、每周医院门诊播报、每月治安警情播报、每月交通安全事故播报、每月工伤事故播报、其他伤害情况播报等 6 项播报服务，而专家则根据每月（周）伤害播报情况，提出预案及居民生活指导，在社区网站上公布。

3. 规范和加强志愿者队伍建设

在社区的灾害管理工作中，志愿者的参与会发挥很大的作用。但当志愿者或一些志愿者组织介入到灾害管理工作中后，规范和加强对他们的管理也显得尤为必要，否则志愿者活动的无组织化不但会造成志愿者工作效率不高，甚至在灾害发生时，零散的志愿者活动还会造成不必要的障碍。如在汶川特大地震中，出现了广大零散志愿者赶赴灾区参加救援的情况，但事实上由于志愿者行动缺乏组织性，以及志愿者本身救援技能的不足，导致了救援效率低下，以及志愿者安全没有保障的情况的出现。

因此，社区必须规范管理救灾减灾志愿者队伍，明确组织和规定志愿者的工作内容，并对志愿者定期进行救灾能力培训，强化他们的救援技能，以满足应急救援的需要。如上海市杨浦区新江湾城社区就建立广泛的减灾救灾志愿者队伍，并制定了一系列志愿者管理规定，明确志愿者队伍的职责、任务、保障措施。此外，还制定了志愿者队伍的训练科目，增强其减灾救灾的技能。

二、社区灾害管理资源动员机制

灾害发生后，社区需要在第一时间进行应急救援活动，调动社区和社会上的各方面资源及力量积极应对灾难。在社区灾害管理资源动员机制中，主要是从人力、物力及财力各个方面进行资源动员与支持。

（一）社区灾害管理人力资源动员机制

人力是社区减灾防灾活动开展的主要支持力量。进行广泛的人力资源动员，建立有效的人力资源社会动员机制，不但可以保障救灾活动的顺利进行，也是建立社区灾害长效管理机制的必然要求。

1. 建立社区防灾减灾工作领导机制

在社区灾害管理人力资源动员中，首先必须建立社区减灾工作领导机制，明确防灾减灾工作的责任人及工作分工。如海南省海口市海口港社区在上级政府民政部门的指导下，于 2008 年创建了“防灾减灾示范社区”工作领导小组。该小组由社区书记任组长，成员包括社区居委会、港务公务员、港行物业公司、港行安技部、海秀街道办事处、共青团等机构在内的妇女代表、共青团员、治保会及社区支部人员等数十人。小组下设办公室、现场小组、安保小组、医疗小组和安置小组。遇到重大灾难时，领导小组必须服从控股公司及上级政府的统一指挥。

明确社区减灾相关工作责任人的同时，应对相关责任人及应急管理机构工作人员进行必要的灾害应急管理培训，增加其对社区灾害及防灾减灾工作的科学认知，从而提高其应急工作能力和效率。此外，对于社区范围内灾害易发生或影响较大的企事业单位，对其管理人员及工作人员也要进行防灾减灾的专业培训，提高其减灾防灾意识。因而，在社区的日常活动中，可以定期邀请防灾减灾的有关专家，通过讲座宣传等形式对社区中致灾因子、应急措施等知识进行普及教育，提高人们的防灾减灾意识。

2. 建立社区防灾减灾队伍

主要指通过组织社区居民、企事业单位及其他的社会力量，建立专门的应急救援队伍，包括社区应急支援队伍、社区医疗服务队伍、社区巡逻检查队伍、居民组长、社区物业保安队伍以及支援者队伍等。这些减灾防灾队伍都是由社区内的居民、社会组织、企事业单位及其他社会力量组成，与社区灾害管理有着直接相关性，可以提高社区减灾工作的效率及效果。如宁波市北仑区大碶街道学苑社区就拥有应急救援力量 5 队共 114 人，分别是：社区应急支援小分队（15 人）、社区医疗服务队（13 人）、居民组长（37 人）、社区物业保安队伍（19 人）及支援者队伍（30 人）。这些应急救援队伍在灾害前、发生时及发生后都有着至关重要的作用。社区物业保安队及巡逻检查队伍可以通过 24 小时轮班检查制度，对社区内的灾害发生情况进行实时监控，及时发现和传达灾情。社区应急支援队伍及医疗服务队伍，对灾害发生时的救援救助具有巨大的作用，而志愿者队伍在减灾宣传、灾情传递、应急准备、紧急救援和转移安置等方面一直发挥着重要作用，也是社区灾害预警、救助、服务的主力军。

3. 进行社区减灾工作人力资源管理

在建立了社区减灾工作领导机制及相关应急队伍的基础上，还必须对这些人力资源进行合理的管理，加强人力之间的协调配合，从而最大限度地发挥他们的作用。一方面，要建立相关减灾防灾人员的档案资料，并组织相关的交流与培训活动，如通过减灾防灾演习活动，组织居委会、物业、民警及志愿者进行参与，从而提高这些人员的应急反应及救援能力，也使居民了解在灾害中的自救、互救及逃生的方法与技能。另一方面，建立联动机制，发挥各方面人力的综合作用。

如上海市杨桂园社区，充分发挥各部门之间的联动作用，联防共建减灾社区（见图4–3）。各个生活小区都由社区干部、驻区单位工作人员、社区卫生站医护人员、物业保安及志愿者共同构建综合防灾巡逻防线，纵横交错，不留死角。

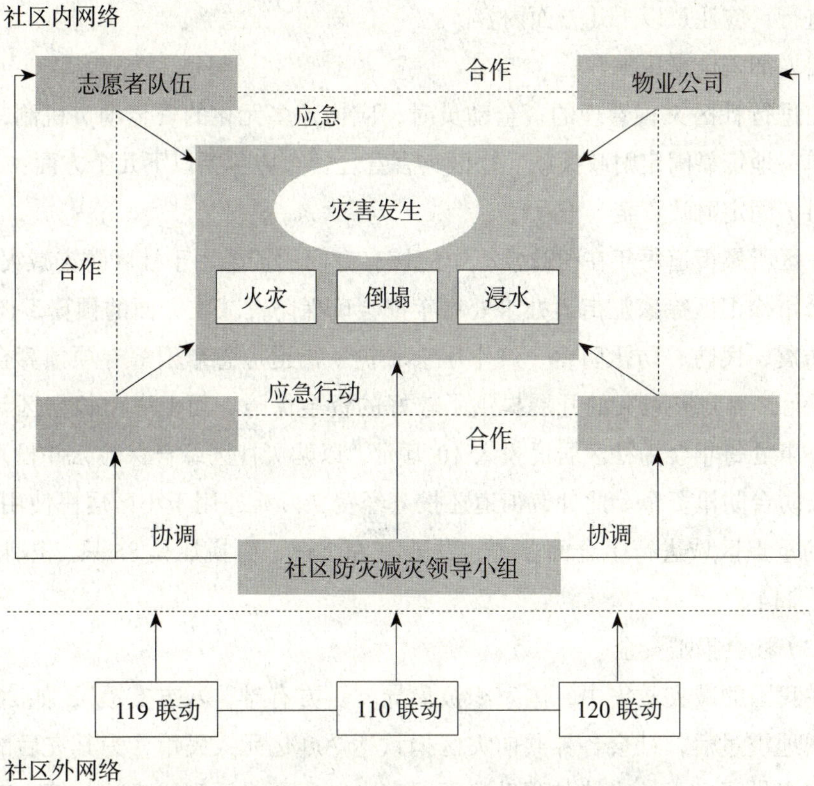

图4–3　桂杨园社区防灾减灾综合管理组织网络

（二）社区灾害管理资金动员机制

资金保障是社区防灾减灾工作顺利进行的必备条件，也是社区灾害管理运行的核心环节。根据有关研究部门的预算，灾前预防与灾后救助之间的损失比例是1∶7，可见大力加强灾前减灾防灾的预算支出是非常必要而经济的[①]。目前从我国社区灾害管理的实践来看，社区防灾减灾工作的资金主要来源于其所属街道每年的专项财政拨款，并主要用于其社区多发灾害的预防，以及减灾设施的维护上。如上海市普陀区曹杨新村街道桂杨园社区，每年社区减灾防灾的固

① 黄煌、王玉海、潘谊:《综合减灾防灾管理公共合作的机制与途径探索——民政部与亚洲基金会灾害管理合作项目的尝试》，国家综合防灾减灾可持续发展论坛，2010年。

定投入资金主要来源于曹杨街道的专项拨款，而资金主要用于应对台风暴雨的防护措施、应对地震的防护措施、应对重大火灾时的防护措施，以及应对建筑物倒塌的防护措施。为建立社区灾害管理资金动员机制，保障防灾减灾工作的顺利进行，应注意以下几方面内容。

1. 增加资金来源

在进行社区灾害管理的资金动员时，应构建多元化的资金动员机制，而不只是单一地依靠固定财政拨款。社区灾害管理资金应包括以下几个方面：

（1）固定财政资金

社区所属街道每年在财政预算中应该有专门的资金用于社区防灾减灾工作。如上海市徐汇区徐家汇街道办事处每年都会确保防灾减灾方面的预算，仅2010年的防震、民防、防汛防台、红十字会救护、街道应急帮困等专项预算合计达340万元，为防灾减灾的开展提供了较好的资金保障。而上海市长宁区新华路街道办事处每年会为社区居民投入10万元，以购买社区综合保险，并投入7万元用于防台防汛资金。此外，街道还投入经费7万元，用于小区居民使用燃气、煤气的重点区域进行了全面普查，共普查602户，更换灶具85只、热水器29只，计114户。

（2）社会捐赠资金

在我国的减灾救灾中，国家积极倡导“一方有难，八方支援”，如2008年的汶川地震过后，社会各界共向灾区捐款达700亿元人民币，为其灾后的恢复与重建提供了巨大的支持与帮助。而国家也制定了一系列优惠的政策，对社会捐赠予以税收等各个方面的优惠。这些政策主要有：救灾物资免征进口税收，准予公益性、慈善性及救灾捐赠在应纳企业所得税、个人所得税所得额中部分扣除，因灾受损可减征个人所得税、减免农业税和农业特产税等。同时，努力调整支出结构，加大重点保障力度，支持农村农民和中西部老少边穷地区[①]。这些优惠的政策与措施为增加社区灾害管理资金来源提供了良好的契机。

（3）保险资金

保险是以合同形式确立双方经济关系，以缴纳保险费建立起来的保险基金，对保险合同规定范围内的灾害事故所造成的损失，进行经济补偿或给付

① 朱军：《我国救灾资金管理现状透视》，载于《中国减灾》，2005年第4期。

的一种经济形式。目前保险的应用日趋广泛，社区中的居民和企事业单位，可以根据自身的投保需求购买保险，一旦灾害发生造成损失，保险公司会根据约定对居民或组织的损失进行赔偿。因而保险资金也可以纳入社区灾害管理资金中。此外，由于保险所具有的事前预防性与事后补偿性，可以有效地满足社区在防灾减灾与灾害恢复重建环节的资金需求，因而更加有利于减少社区灾害损失，减轻社区灾害管理的资金压力。如在一些发达国家中，保险资金的赔偿可以占到整个因灾损失的50%左右。上海市浦东新区浦兴路街道从2008年开始，每年用财政资金专门为社区居民购买了“社会安全综合保险”，在社区居民家庭发生火灾等自然灾害后及时进行救助，从而提高了居民抵御各种灾害的能力。

2. 提高资金使用效率和效果

如何确保灾害救助资金的合理使用及规范操作，如何提高资金使用效率和效果，是建立社区灾害管理资金动员机制必须考虑的问题。上海杨浦区新江湾城社区在进行社区防灾减灾资金管理方面，提出了一些较具特色的工作制度，可供借鉴。如新江湾城社区建立了防灾减灾应急储备金制度。自2007年社区所属街道财政准备金达476.54万元，用于重大自然灾害的应急救助、突发事件的应急与抢险开支和其他难以预计的特殊开支。另外街道又拿出20万元为社区居民办理社区综合保险。同时，街道还完善了社区慈善募捐制度，开展经常性的救灾捐赠活动，广泛动员社会力量，多渠道筹集减灾资金。此外，为确保灾害救助资金的合理使用和规范操作，新江湾社区采用了救助金“三分离”制度，即救助受理、救助审核、救助发放三环节的分离。社区还建立独立开户、分级管理的模式。在资金发放环节，严格按照“编制签名单—下发居委会—本人签字—回收签名单—发放资金”的程序，做到了所有签名单都归档留存[①]。从而也提高了救灾资金的使用效率及效果。

（三）社区灾害管理物资及设施动员机制

社区是人口集中分布的单元，一旦发生突发性的灾害，必然会造成人员伤亡与财产损失，这时就需要大量的应急物资与应急设施，进行伤者救助、安置等。另外，在灾后的恢复重建阶段，仍需要大量物资保证，否则会导致受灾损

① 国家减灾委办公室:《“全国综合减灾示范社区”创建优秀经验选编》，2010年12月。

失进一步扩大。因而在社区灾害管理中建立应急物资与设施动员机制，就显得尤为必要。

1. 准备应急物资

中国是灾害多发国家，1998 年张北地震以后，民政部与财政部出台了《关于建立中央级救灾物资储备制度的通知》，从而在全国建立了救灾物资储备制度，并明确要求中央与地方以及自然灾害多发地区都要储备一定的救灾物资。经过多年的努力，基本已经建立覆盖全国灾害多发区的应急物资储备网络，但与中央级的物资储备相比，基层的物资储备，尤其是到社区层面仍有许多需要改进之处。

近年来，随着政府与民众对社区防灾减灾重要性认知的不断加深，一些社区在应急物资储备方面也不断完善。如浙江省建德市寿昌镇西湖社区在进行应急物资储备时，把应急物资分为常态物资与动态物资两类，其中常态物资即已有的应急物资，如灭火器、柴油、车辆、机械、对讲机、通信工具及避灾中心储备的物资等；动态物资即利用社会储备或可从市场上调用的物资，包括铲车、挖掘机等抢险工程装备，运输车辆、切割机等抢险机械，以及粮油、食品、水、灯具等各类应急常用物资，并分别明确征调或购买方式。经过社区灾害管理的实践进行总结分析，我们在社区中进行应急物资准备时，必须注意两方面内容：

（1）应急物资的种类

在社区灾害中，受灾居民的需求一般集中于自救、互救设施，如照明设施、逃生设施、抢救设施等，以及基本生活物资，如食品、水、衣物、药品等。灾害中，救助物资应以实物为主，货币在灾害重大的情况下反而缺乏实际价值。如上海市徐汇区徐家汇社区按照各类预案规定，为 30 个居委会配备民众安全应急箱共计 123 个；街道防汛专用仓库配备水泵、铁锹、对讲机等各类物资到位，并在 2010 年，通过群众性现场初级急救培训，向社区居民免费发放 1700 份救护应急包。此外，慈善工作站还通过开设经常性社会捐赠点等方式，调动社会力量参与应急救助。如表 4–1 所示，是徐家汇社区民防应急箱制作标准[①]。

① 资料来源于第四批“全国综合减灾示范社区”申报材料，民政部，2010 年。

表 4–1　徐家汇社区民防应急箱制作标准

序号	器材名称	数量	基本标准
1	箱 体	2 个	箱体规格：76 厘米 ×84 厘米 ×30 厘米，采用宝钢 SPPC 优质冷轧板（厚度 1.2 毫米），箱体角向误差 ±5 度，激光点焊工艺，箱体采用酸洗、脱脂、中和、磷化、干燥、无尘等 6 项处理，外表采用阿克苏塑粉喷涂，门框防水、防尘嵌条处理，表面硬度≥ 0.4。在箱体上印“民防应急箱”字样
2	人员疏散指挥棒	2 根	全长 530 毫米，全部工程塑料，用电池
3	危险区警戒带	1 卷	全长 125 米，外客工程塑料
4	电喇叭	2 个	充电、电池两用，带录音，传送距离＞200 米，失真度＜ 7%
5	应急哨子	5 只	金属材质
6	民防应急背心	5 件	国产反光晶格，背面印“民防应急”字样
7	指挥人员袖章	5 个	上印“民防应急”字样
8	59 型过滤式防毒面具	1 具	面具＋气管＋ 1 号罐＋面具袋
9	应急救援绳	1 根	1.6 厘米 ×10 米，带固定环，阻燃，承重力 1000 公斤以上
10	撬　棒	1 根	合金钢，长 50 厘米
11	应急照明电筒	2 只	充电式，射程 1500 米，功率 15 瓦
12	二氧化碳灭火器	1 只	3 升
13	消防斧	1 把	斧头体为合金钢，柄体为柞木，总长 40 厘米
14	绝缘手套	1 副	防 220—380 伏电压
15	绝缘鞋	1 双	防 220—380 伏电压
16	绝缘剪	1 把	防 500 伏电压，能剪线、拔线
17	应急通用工具	1 套	盒体 1 个、榔头 1 把、螺丝刀 2 把、钳子 1 把、活动扳手 1 把
18	紧急救护器材	1 套	盒体 1 个、三角巾 1 条、止血带 1 根、医用剪刀 1 把、救心丸 1 包、颈托 1 个、纱布 1 卷
19	折叠锹	2 把	长 55 厘米

（2）应急物资的管理

时间就是金钱，应急物资在最短的时间内到达受灾人员手中，才能真正起到减少灾害损失的作用。应急物资的使用应该快捷方便，能够第一时间到达受灾现场。因而，应灾物资应该由专门的工作人员负责进行管理，确保其能够安全、方便、及时地为社区所用。应急物资的储备地点一般应该在社区或街道辖区范围内，如存放在社区办公楼的救灾物资仓库，并要对应急设备和物资进行定期检查和维护，确保其能够安全使用。此外，在应急力量或资源薄弱的环节，社区还应该与当地的应急救援单位建立联系，从而保证灾害发生时救援力量能够及时到达。

三、社区灾害信息沟通机制

信息沟通是指可解释的信息由发送人传递到接收人的过程。具体地说，它是人与人之间思想、感情、观念、态度的交流过程，是情报相互交换的过程。在社区灾害管理工作中，建立良好的信息沟通机制，是促使防灾减灾工作顺利进行的重要保障。一般来说，一个完整的灾害信息沟通机制应该包括明确沟通的信息内容、沟通的渠道，以及对于灾害信息的反应。

（一）社区灾害信息内容

在建立社区灾害信息沟通机制时，首先必须明确的就是社区中哪些信息是与社区灾害管理相关的，以及哪些信息是需要沟通的。影响社区安全的信息一般包括社区内的治安可疑信息、安全隐患信息、群众上访信息、矛盾纠纷信息、遗失捡拾信息、公物被损信息、事故灾情信息等，而安全隐患信息、事故灾情信息则是社区在防灾减灾工作中必须重点掌控和沟通的信息内容。其中社区内的安全隐患信息主要包括15大类，分别是：水电暖类、地沟盖板损坏；地灯、路灯、彩灯、楼道照明灯灯具不规范、缺失或不亮；探头、智能隐形防护网、报警等自动监控系统故障；空中墙壁三线凌乱及控制箱损坏开启；小区、楼道消防通道及设施缺损；单元防盗门损坏和随意开启；公共场所健身器材配件缺损；安全标识及文化宣传牌板缺损；交通设施缺损及车辆不按线停放；门卫对外来人员及车辆管理空漏，责任心不强；居民房产物业受损情况如墙皮爆裂、屋顶漏雨等；单位施工居民装修不规范；居民家庭个人行为如乱放鞭炮、乱堆杂物、乱放花盆、乱扔垃圾等；健康卫生及绿化如虫害消杀等；其他如居民安全意见及满意度[①]。这些安全隐患也是造成社区灾害发生的重要因素之一，对于它们的收集与沟通，是社区灾害信息沟通的重要内容。此外，有关社区灾害管理的重要规章制度、社区灾害应急预案、防灾减灾知识等的宣传，也属于社区灾害信息沟通的重要环节。

（二）社区灾害信息沟通渠道

建立信息收集完整、流通顺畅、信息发布及反馈及时沟通渠道，是社区灾害信息沟通机制建立的另一项重要内容。建立社区灾害信息沟通的渠道主要从以下几个方面着手：

1. 建立社区综合安全信息监测系统

社区综合安全信息监测是对社区各种安全信息进行长期、连续、系统的收集，对信息进行核对、汇总、分析，提出社区主要公共安全问题和信息，并将问题和信息向社区管理层、上级主管机构和各分管部门报告，也向社区基层反馈，这是一个工作过程[②]。通过长期、连续、系统地对影响社区安全的各方面信息进行综合监测，可以为社区预防和减少安全事故、及时发现和应对各种灾害性事件提供科学的预警。如北京市朝阳区自 2004 年开展安全社区创建工作以来，一直积极探索建立伤害预防监测体系，逐渐建立并完善以朝阳区卫生局为操作主体，以社区医院和社区卫生服务站为数据采集点，以政府各部门信息资源为参考的伤害监测体系。由于社区伤害监测体系可以有效收集影响社区安全的各项信息，为社区管理提供科学的预警与必要的准备，因而这一体系的建立不但推动了安全社区各项工作的开展，而且也有利于社区防灾减灾工作的进行。

2. 建立信息收集与报告制度

由于社区灾害的突发性与偶然性，必须建立一个相对固定的信息收集与报告制度，定时、定点采集并报告社区内的日常安全信息。如上海市闵行区虹桥镇井亭社区为做好社区防灾减灾工作，首先，成立了专门的值班小组，其职责主要包括：平时主要负责井亭社区的夜间安全巡逻，保证小区的夜间安全；负责警报，一旦发现重大灾害，立即拉响警报预警，并立即向安全分管领导报告，

① 阎国云：《注重安全社区建设中的信息链管理》，载于《中国职业安全健康协会2008年学术年会论文集》，2008 年第 12 期。

② 迟阿鲁：《“安全社区”监测系统的建设》，载《城市与减灾》，2008 年第 2 期。

并随时向领导小组报告灾情；迅速采取措施切断电源，关闭煤气等易燃易爆设施，做好有毒有害物品的管理工作；安排24小时值班预警。其次，明确规定了灾情信息报告的内容，包括灾害发生的时间、地点、背景，灾害造成的损失（包括人员受灾情况、人员伤亡数量、房屋损坏情况及造成的直接经济损失），已采取的救灾措施和需求。最后，还规定了灾情信息报告制度，对于本社区内突发的自然灾害，凡造成人员伤亡和较大财产损失的，应在第一时间了解掌握灾情，及时向上级民政部门报告初步情况。

3. 建立社区灾害信息发布平台

社区灾害信息除应向管理部门予以汇报以外，还应该及时对区域内居民进行公布，使社区内居民及单位能够及时了解灾害信息，提高他们的防灾减灾意识，并提供科学及时的灾情预警信息。如可以通过创办刊物，向居民免费发放，以起到信息交流、宣传引导、公示监督的作用，也能够提供很好的参与平台；也可以通过更换社区内公共场所的信息公示栏和电子显示屏的内容，及时公布社区内的防灾减灾工作进程、安全动态等信息。

（三）社区灾害信息的汇集及处理

在进行社区灾害信息沟通中，不可或缺的一个环节就是要进行信息的汇集及处理。这一环节主要是对信息的真实性、重要性进行分辨，并决定采取何种处理办法。在进行这一工作时，可以采取建立信息汇集中心的形式予以完成。如山西省潞安集团常村社区就设立三级信息中心。一级信息中心为社区内7个门房(含各小区门房5个)；二级信息中心为社区监控中心，安装探头分布在社区的各主要场所和各出入口，可监控各门房动态，并指挥调动各门卫协作，指挥公安巡逻人员迅速到达指定点；三级信息中心为安全社区调度指挥中心，可调动社区各专业部门如基建、供电、供暖、供气、供水、消防、新闻等部门协同处理隐患或突发事件。这三级中心日常工作为层级报告形式，当发生突发安全事件时，可突破层级限制跨级报告，指挥中心也可根据日常组织网络实施扁平式管理，以迅速控制事态，根据情况决定启动应急预案[①]。

---

① 阎国云:《注重安全社区建设中的信息链管理》,载于《中国职业安全健康协会2008年学术年会论文集》，2008年第12期。

第二节　社区灾害管理的纵向运行机制

纵向运行机制的内容主要包括：社区灾害因子识别、社区脆弱性分析、社区灾害管理规划、准备和应急响应，以及灾后的恢复与发展。下文就结合这些部分，对纵向运行机制进行阐述。

一、社区灾害因子识别

灾害因子识别是社区灾害管理纵向运行机制中的第一步，对于社区致灾因素的提前识别，有利于以后防灾救灾工作的开展。日常生活中潜在的灾害因子数目繁多，自然因素方面，如气象因素中的大风、暴雨、冰冻、大雾等，地质因素中的滑坡、地面沉降、海水倒灌、地震等，环境灾害的污染、噪声等，生物灾害中的瘟疫、病虫害等。此外，由于人为或技术原因，造成的灾害隐患也相当多，如火灾、交通事故、化学事故、水管破裂、煤气泄漏、输电事故等。

（一）社区灾害因子分类

社区作为社会的基本单元，是各种灾害的主要承灾体，各种灾害因子几乎都能入侵到社区。所以社区灾害因子具有数目繁多、难于分类的特点，而要想保证防灾减灾的效果，必须认真分析社区灾害因子。只有认清楚“敌人”，才能够打胜防灾减灾这场“战役”。

具体分析，社区灾害因子可以分为自然因子和人为因子两个方面进行分类[①]：

1. 自然灾害因子：我国地域辽阔，南北约跨50个纬度，跨热带、亚热带、温带、寒温带多个气候带。自然灾害类型繁多，除现代火山活动导致的灾害外，几乎所有的自然灾害在我国都有发生，使得我国成为受自然灾害危害最严重的少数几个国家之一。这些灾害也都在威胁着社区居民的安全。在社区灾害管理过程中，需要识别的自然灾害因子主要有以下方面：

（1）气象灾害类：洪涝、海啸、干旱、台风、雷电、沙尘暴等；

（2）地质灾害类：破坏性地震、泥石流、滑坡等；

---

① 吕芳：《社区减灾：理论与实践》，北京：中国社会出版社2011年版，第9页。

（3）病毒灾害类：大面积的食物中毒、非典、手足口病等公共卫生事件。

2. 人为灾害因子

社区是城市的基本单元，而社区里面最基本也是最重要的元素就是居民。在社区生产生活中，社区居民也极容易造成社区灾害的发生。据不完全统计，由于社区居民导致的灾害占整个社区灾害的二分之一。因此努力识别社区中的人为灾害因子对社区灾害管理有着重大意义。社区中的人为灾害因子主要有以下几方面：

（1）技术事故类灾害：饮用水污染、煤气事故、火灾与爆炸等；

（2）社会治安事件：盗窃、社区居民大面积骚乱、绑架、非法上访和集会等；

（3）居家事故类灾害：社区里面的老人、孩子和残疾人等特殊群体引起的障碍事故。

（二）社区灾害因子识别手段

社区灾害的因子类型繁多，由于社区系统里面最基本的细胞是居民，所以对社区灾害因子的识别就显得更为困难，需要多方面的努力。一个社区要想识别清楚自己所面临的各种灾害，必须经过多方面、多主体的努力：

1. 社区积极邀请政府防灾减灾专家来到本社区进行咨询与评估，运用专家的知识挖掘社区潜在灾害因子；

2. 社区要利用历史资料，摸清社区在历史上发生过的灾害，通过实地调查来判断潜在的有害事件；

3. 社区居民应当自发组织起来，每隔一个时间段进行社区安全隐患排查，并且通过座谈会，充分讨论社区现存的危险和社区脆弱性程度；

4. 社区减灾小组要充分发挥自身的领导作用，对社区生产、生活等公共场所、治安、交通、消防、学校等方面的防灾、减灾情况进行实地调查。

通过科学技术手段对社区潜在的灾害因子进行分析之后，有必要通过地图的形式把社区潜在隐患和易发生灾害的区域显现出来，这就是社区危险图（见图 4–4）。社区风险图同时要清晰标注应急避难场所和避难路线。一个科学有效的社区风险图应当明确以下信息：（1）依据社区灾害因子的分析，明确标注不同地带易发生哪些灾害。社区中易发生的灾害隐患，如地质灾害、气候灾害、交通事故灾害、社区安全事件、社区中的供水、供气等安全生产灾害都要准确标注。（2）在社区风险图中同时要注明灾害易发生的时间、影响的范围等。

（3）要通过不同的标注对社区灾害隐患的等级、破坏程度进行区分，对影响程度大的灾害予以明确标注。（4）明确灾害发生的条件，如易受台风影响的社区，要在社区风险图上标明几级台风的到来会造成建筑物的破损，而易受洪灾影响的社区，要标明来水量达到什么程度，才会引发洪灾。(5) 注明灾害发生后居民的应急逃生路线和应急避难场所，让社区居民一目了然。①

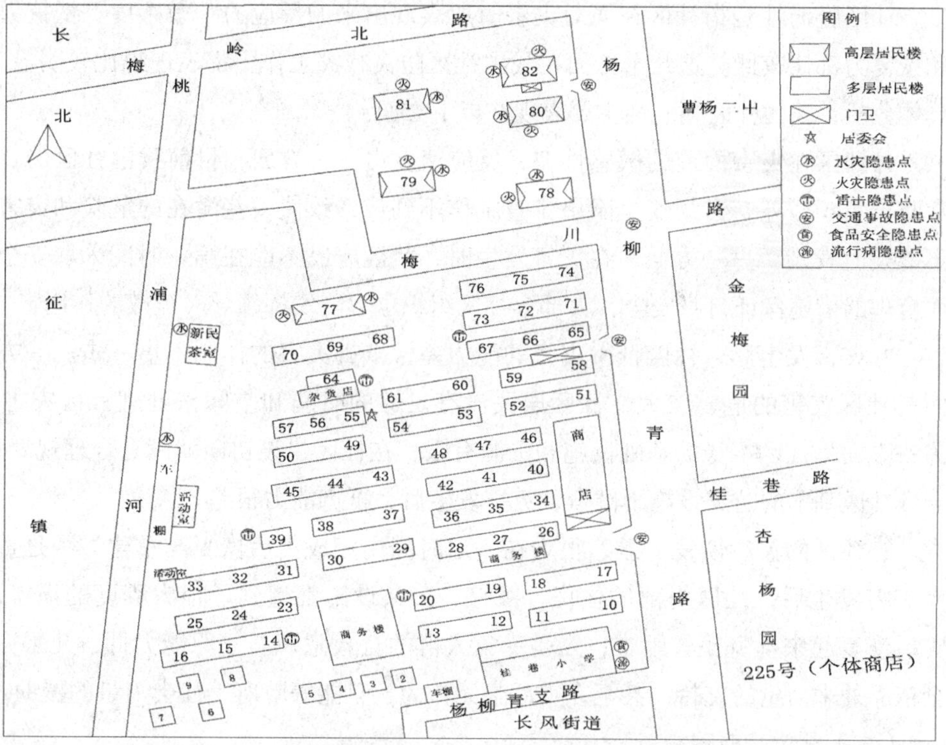

图 4–4　桂杨园社区灾害风险示意图

二、社区灾害脆弱性分析

作为城市的最基本单元，社区不仅第一时间面对灾害，也要第一时间处置灾害。我们知道社区四个要素构成：1. 人口，2. 地域，3. 有组织的社会经济、政治生活及与之相适应的管理机构，4. 维持集体生活所需的共同道德风尚。这四个要素对社区灾害管理有着十分密切的联系。如果说风险因子识别是从危险的

① 资料来源于第四批“全国综合减灾示范社区”申报材料，民政部，2010 年。

施加者来分析社区灾害，那么，脆弱性分析是从危险的承受者来分析社区灾害。脆弱性分析的应用来源于20世纪七八十年代对自然灾害研究。社区脆弱性分析主要着手于社区里面的哪些人群、哪些地域、哪些方面更为容易受到灾害的侵害，并找出相应的控制和预防机制来弥补这一方面的不足。

（一）社区脆弱性表现

社区脆弱性是指社区在面对灾害时所表现出来的反应力、敏感度、抵抗力和恢复力都比较低。这几个方面在我国社区防灾减灾工作中都表现得比较明显。具体分析，我国社区脆弱性主要表现在以下方面：

1. 社区在灾害面前的敏感性差，反应速度慢。一方面，目前我国社区的日常防灾意识较差，常规安全隐患排查工作不到位，致使一些潜在的危险和灾害不能及时发现。另一方面，在灾害发生时，社区居民不能在第一时间采取安全而合理的措施保证自身安全，大部分社区组织也不能发挥领导、疏散的作用。

2. 灾害发生后，社区抵御灾害的能力差，抵御灾害的体制不堪一击。一方面是社区灾害的危害较大，社区居民没有足够的时间和空间来处理社区灾害；另一方面是社区本身的基础设施和资源有限，在社区建设初期就没有合理规划，导致社区基本的防灾设施不健全，灾害发生后，抵御能力很差。

3. 社区的灾后恢复力差，很难在一定时间内完成灾后恢复与重建。一是重大灾害发生后，社区内部的住房、医疗、公共设施都遭到了很大程度的损害，灾后恢复起来本身比较困难；二是受灾人群的自救意识与复原能力低，几乎完全依靠外来力量的支持，甚至在灾后毫无作为，只能等政府、社会力量的援助。

（二）社区脆弱性分析

影响社区脆弱性的因素主要有物理因素、经济、政治、文化、技术等方面。美国、日本等发达国家制订预案时非常重视灾害风险的评估和脆弱性分析工作。美国联邦事务紧急管理局（FEMA）在推广建设“减灾型社区”活动中，要求制订社区减灾计划之前必须进行危险性评估和易损性分析。日本的灾害风险管理主要有两种做法：一种做法是政府在编制城市规划、地区防灾规划和应急预案时，做好地区的危险性和易损性分析；另一种做法是政府与居民一起，或由政府指导、以居民为主体，开展风险评估工作[①]。社区脆弱性分析是社区编制应急

① 赵飞：《浅议社区灾害应急救助预案的编制》，载于《中国减灾》，2011年第10期。

预案的基础，通过脆弱性分析也为社区应急响应和救助提供了必要的信息和资料。具体到我国社区减灾而言，社区脆弱性分析主要从以下方面进行：

1. 社区居民

（1）社区居民中的脆弱性人群（儿童、老人、残疾病人等）比较多，在灾害发生时，这些人属于救灾的重点，因此要对社区内的脆弱性人群进行统计，了解其具体住址及家庭情况，以便防灾救灾过程中的重点保护。

（2）社区居民文化素质，包括应急能力、心理素质和灾害处置能力。如果社区居民欠缺灾害意识和应急习惯，缺乏应对灾难的心理素质，则会影响社区救灾减灾效果。因此这是社区风险脆弱性评估的一个主要方面。

2. 社区基础设施

（1）社区的住宅建筑的质量、社区建设规划是否合理、社区应急避难场所建立得是否完善都会影响社区防灾抗灾能力。

（2）社区公共事业基础设施建设是否健全、社区配套志愿者组织和灾害管理领导小组是否完善都是产生社区脆弱性的原因。

3. 环境因素

主要包括社区地理位置、地形、气候条件、土壤、水资源等。环境因素的脆弱性评估就是要针对社区所处的这些自然环境因素的风险承受力进行分析。如社区所处地理位置的地质条件比较复杂，则要着重加强此类因素的分析。通过这些分析从而对社区的脆弱性有一个全面的把握，进而通过制定出一个社区隐患清单，来进行脆弱性分析。

三、社区灾害管理的规划

一个社区减灾规划制定得是否科学、是否合理，关系到社区灾害管理机制的运行是否顺畅。社区灾害管理规划大致可以分为三个部分：国家宏观层次、省市县中观层次、社区微观层次。从国家层面上讲，要从资源配置和灾害管理的大政方针上对社区灾害管理的规划予以指导；省市县则要从实际出发，根据本地区的地理环境、人口分布、资源条件等因素制定出一个符合当地实际的、具有指导性的减灾规划；而社区则要制定出一个操作性强的、可执行的社区减灾规划。由于宏观层面和中观层面上的社区灾害管理规划具有一定的稳定性和指导性，因此本章节主要以社区为主体来进行社区灾害管理规划的分析。

（一）社区灾害管理预案

1. 应急预案的编制

自从 2003 年爆发非典疫情以来，我国逐步开始重视突发性公共事件、自然灾害事件等的应急处理预案，把制订、修订应急预案和建立、健全应急体制、机制、法制提到了同等重要的地位。经过多年发展，目前已形成包括国家突发公共事件总体应急预案、国家级专项预案、国务院部门预案、各级地方政府的应急预案、企事业单位的应急预案和举办大型活动的应急预案等多层次、多种类的预案体系，总数量已达 240 万件。

在社区层面，要全面提高其应对各类突发公共实践的能力，最大限度预防和减少突发公共事件造成的损害，也必须制订相应的应急预案。科学合理的社区应急预案应当包括以下内容：首先要制定包括社区基本情况介绍和风险隐患的清单，以及社区灾害管理的工作原则；其次要明晰社区灾害发生后的应急路线和应急避难场所；再次要针对不同的社区灾害，制定出科学的应对措施，面对台风等自然灾害制订出抗台防洪的应急预案；最后是社区应急预案的管理，社区应急预案不是一成不变的，需要根据社区情况的变化而进行相应的调整。在这里要指出的一点是，社区应急预案的核心要旨是保证社区居民安全的疏散撤离。

具体地来说，一个科学合理的应急预案包括的应急措施主要有以下几点：

（1）发生灾难后，社区救灾领导小组及时调动各方面的积极性，迅速进行人员转移，第一时间保证人员的安全撤离；快速地进行抢险救援工作，医疗救助队伍对灾害中受伤的居民及时救助，并保障受灾群众的物资后勤保障。

（2）各个社区救灾小组要及时掌握、通报灾情，针对社区受灾程度，部署社区救灾抢险工作；社区领导队伍要第一时间把灾情种类、时间、地点、伤亡人数以及社区设施受损情况上报给上级救灾主管部门，保证社区灾情信息的及时传递。

（3）社区灾情上报上级救灾指挥部门后，上级救灾指挥部第一时间部署工作任务，而社区救灾领导小组要按照上级指示，及时部署救灾任务，实现科学救灾。

（4）社区灾害发生后，社区救灾队伍迅速启动运行机制，各司其职展开救援；同时保证社区应急资源的及时投放使用。

2. 应急预案的演练

结合各项灾害应急预案，社区应该定期组织居民、辖区单位开展灾害应急演练，使居民熟悉预案，知晓避难安置路线、场所及保障等。社区可以充分利用区域内的体育广场、休闲场地、学校等设施，定期组织和引导居民和社会单位开展应急预案演练活动。结合本地可能发生的各类灾害，开展相应的应急预案的演练。通过广大社区居民、辖区单位的积极参与，不但可以强化社区部门及人员在应对灾害时的协同配合，更能够提高社区居民应急反应与自救能力。此外，通过演练，还可以根据实际演练效果对应急预案进行修改，使之更加符合实际的应急需求。细致的演练计划有助于预案的充分实践，也指导着演练的顺利进行。故而，编制详细的演练计划十分必要。表 4–2 为上海市徐汇区徐家汇街道人民防空人口临战疏散演练计划。①

表 4–2　上海市徐汇区徐家汇街道人民防空人口临战疏散演练计划

演练时间、地点、规模和内容
1. 演练时间：2009 年 8 月 20 日 8：00—14：00。 2. 安置地点：金山区吕港镇。 3. 演练规模：本次演练安排在星期六，属小规模、小范围，参演的总人数在 40 名左右，车辆 1 台。 4. 演练内容：按徐汇区人口疏散预案，成立街道人民防空指挥部，根据区人防指挥部的命令，在指定地点和规定时间内，负责通知参演人员集结，按每 10 人为一组进行编组，组织居民安全有序地撤离市区。金山区吕港镇在抵达路口负责接应疏散人员进村入户。
组织领导
成立徐家汇街道人民防空指挥部： 指挥长：郭 ×× 副指挥长：虞 ××、杨 ×× 成员：高 ××、孟 ××、孙 ××、陆 ××、沈 ××、雷 ××、姚 ×× 下设指挥组：负责演练的组织、协调工作，负责人为虞 ××、雷 ××、沈 ×× 宣传教育组：负责演练中宣传动员和教育工作，负责人为高 ××、孙 ×× 后勤保障组：负责演练中的后勤保障工作，负责人为孟 ××、陆 ×× 医疗救护组：负责演练中的医疗保障和救护工作，负责人为姚 ××。

① 资料来源于第四批“全国综合减灾示范社区”申报材料，民政部，2010 年。

续表

演练前准备
1. 成立徐家汇街道人民防空指挥部。 2. 拟制街镇人口临战疏散预案。 3. 组织动员 30 名居委干部或居民骨干，模拟疏散群众，10 人一组，编制《徐汇区徐家汇街道疏散居民花名册》。 4. 组织落实运输车辆（车上饮用水按人均 2 瓶配备）。 5. 准备演练中午餐费（现金 2000 元）转交金山区民防办。 6. 去对口的吕巷镇实地勘察，重点是行进路线的踏勘。
演练程序及步骤
1. 8 月 20 日 7: 40，街道人民防空指挥部接受指令后，按演练方案，立即通知疏散对象到街道指定地点集中。徐家汇街道集结地点：南丹东路 109 号（徐家汇社区文化活动中心内）。 2. 7:50，街道人民防空指挥部有关人员，组织疏散人员集结。点名整队后率领居民有序上车。8:00，按指定路线出发。行车路线：天钥桥路、中山路上内环高架—沪闵高架—沪杭高速—A30—A6—干巷出口。 3. 9：30 左右，临战疏散车队到达金山区吕巷镇政府大院停车。疏散车队到达目的地后，街道人武部部长立即组织疏散人员下车整队。 金山区吕巷镇人民防空指挥部负责交接仪式： （1）街道人武部部长整队进入会场。 （2）金山区吕巷镇组织召开“接收安置欢迎会”。接收镇领导致欢迎词。 （3）街道人武部部长呼点疏散人员名单，并向金山区接收镇人武部部长移交花名册（双方在移交花名册上签字）。 （4）接收镇人武部部长组织疏散人员进行疏散（一组一组交给各村。各村领导在会场，分别举起“× × 村”的牌子或不同颜色的小旗子）。
4. 10：00，金山区吕巷镇人民防空指挥部组织人口安置。疏散人员由镇、村人防干部带领乘车前往疏散目的地，村委会向疏散人员介绍本村的情况，并组织入户，参观农户家庭。同时，两区人民防空指挥部领导到接收点巡视检查。 5. 10：30，两区指挥部领导进村慰问居民。 6. 11：00，疏散人员熟悉疏散居住地后，由金山区吕巷镇人民防空指挥部人员带领返回镇政府大院集合，由金山区吕巷镇人民防空指挥部负责移交仪式： （1）金山区吕巷镇人武部部长呼点疏散人员名单，并向街道人武部部长移交花名册，双方在花名册上签字。 （2）金山区吕巷镇人民防空指挥部领导致欢送辞。 （3）街道人民防空指挥部指挥长致答谢辞。 7. 12：00—12：30，由金山区吕巷镇人民防空指挥部安排午餐。 8. 12：30，午餐后，组织疏散人员集合登车，发布返回命令。至 14：00 左右，街道疏散人员按原路返回出发点。街道人民防空指挥部指挥长宣布演练结束，队伍解散。

续表

注意事项
1. 参加演练的车辆，车前玻璃处放“人口疏散车”标识。
2. 为了确保演练的安全和人员行动方便，建议参演人员着平底鞋。
3. 由于天气炎热，请参演者做好防暑降温工作。

（二）社区土地利用规划

社区的土地利用规划是否合理直接决定着整个社区抗灾的程度，换言之，土地利用规划的合理性直接影响到社区的脆弱性程度。社区在建设初期就应当对土地利用进行科学合理的规划，在这方面，我国政府相关部门也进行了相应的规定。民政部于 2004 年 11 月 8 日制定下发了《灾区民房恢复重建管理工作规程》，其中规定：在灾区民房重建的规划、选址上，县级政府灾区民房恢复重建领导机构牵头协调建设、国土部门搞好重建选址、规划。重建规划的原则：以分散建房为主，集中建房必须先规划后建设；科学选址，不得在蓄洪区、低洼地带、地质灾害多发地、风灾入口处等易灾地带重建住房，重建规划必须利于今后防灾减灾；合理设计，充分考虑当地住房整体水平和群众承受能力。开展集中连片建房的地方，恢复重建的住房要设置永久性统一标识[①]。从民政部对灾后社区民房恢复重建的工作规程中我们就可以看到，土地利用规划是社区的防灾减灾规划的重点工作。

（三）社区减灾救灾基础设施规划

一个社区要想取得良好的救灾防灾减灾效果，必须合理规划相应的减灾基础设施。减灾基础设施的规划包括以下方面：

1. 合理规划避难场所。避难场所的设定要根据社区自身的实际情况，社区的活动室等可以作为社区小型避难场所，而学校教学楼、操场和宽敞的道路可以作为大型避难场所来使用；要明确避难场所容纳的人数，避难场所要设置明确的标识；避难场所要配备基本的生活用品及应急药品。

2. 充分安排防灾减灾设施。社区防灾的基础设施的设置一定要全面而合理，首先要在容易发生火灾的区域安置灭火设施，并且要进行定期的检查和维护；其次为了保障社区居民的居住安全，要在社区入口处加强防卫，并设立电子门、监

① 《灾区民房恢复重建管理工作规程》（民函［2004］282 号）。

控设施等，防范社区盗窃事件的发生；最后，准备好相应的应急哨子、反光安全背心、充电电筒、过滤式防毒面具、应急救援绳、二氧化碳灭火器、太平斧、应急通用工具箱、折叠锹、撬棒、应急救护箱、绝缘鞋、绝缘手套、绝缘剪等。

四、社区灾害管理的准备

社区灾害的发生会给社区居民带来很大的负面影响。如果各个防灾主体在灾害发生之前做好相应的准备，则会减少灾害给社区所带来的损失。因此，在社区防灾的前期阶段，社区、家庭和个人都应该做好相应的准备，以应对随时可能发生的社区灾害。

（一）开展减灾教育活动

培养减灾意识与技能，既包括培养社区管理者的减灾意识与技能，也包括提高社区内居民及企事业单位的减灾意识与技能。

一方面，近年来，随着“国家综合减灾示范社区”活动的开展，国家及地方政府对社区防灾减灾工作越来越重视，社区管理者的防灾减灾意识也不断加强。但在以后的社区减灾工作中，社区管理者应该更加科学地认识到社区防灾减灾工作的重要性，并结合本社区所在区域的环境、灾害发生规律及社区居民特点，制定社区减灾规划，从整体上掌控和提升本社区的防灾减灾能力。

另一方面，防灾减灾工作与社区内的每个居民及企事业单位成员都息息相关，应该在日常的生活与工作中逐步培养他们的减灾意识与技能。如湖南省长沙市东塘街道牛婆塘社区为营造一个防灾减灾自救互救的良好氛围，提高社区内民众的防灾减灾救援意识，把防灾减灾宣传列入社区宣传工作的重点，并创造性地把防灾减灾宣传工作与社区“五日”特色活动结合起来，即开展灾情报告日、救灾演练日、防灾宣传日、减灾公益日和隐患督导日活动，每个月定期或不定期开展，不但构建了富有特色的社区防灾减灾文化，而且通过丰富多彩的活动，使防灾减灾知识在社区居民中得到普及①。此外，还可以通过印发宣传资料、设置灯箱广告、举办培训班等方式，随时随地向居民普及防灾减灾知识，并充分利用社区宣传栏、闭路电视、宣传单、宣传标语、横幅等多种形式开展防灾减灾、逃生自救科普宣传和法律法规宣传，从而提高居民对灾害的认识，

① 资料来源于第四批“全国综合减灾示范社区”申报材料，民政部，2010 年。

以及科学防灾减灾的能力。

（二）制定社区安全检查制度

制定安全检查制度，有助于提高社区工作人员以及居民的安全防范意识，将安全检查行为常规化、制度化。社区减灾工作人员要根据社区的环境以及社区灾害因子，通过社区志愿者的力量，定期在社区进行安全大检查，着重排查社区安全隐患。定期检查的时间可按各社区的情况而自行决定。例如，每月一次综合安全检查，每周一次专项安全检查。重大节日和灾害多发时期，更要加大安全检查力度。此外，检查形式可以采取白天和夜间、重点和一般、突击和日常检查相结合的形式。

检查的内容一般包括以下三方面的内容：一是检查房屋建筑、水电煤气是否存在隐患，如有问题及时维修加固；二是检查社区居民是否掌握全部的减灾防灾全部知识；三是检查社区配备的防灾设施，包括灭火器、应急救助包等。

检查要做好记录工作，发现有安全隐患的地方或行为应立即制止。对于安全检查的结果，社区可以向居民或单位发放相关文书。对一时难以解决或存在一定难度的隐患，要追踪观察，或及时向派出所报告，尽快解决。

（三）重点关注脆弱性人群

根据上文对于社区脆弱性的分析，可以知道社区里面的脆弱人群是具有特殊性的，需要制定单独的应急办法。社区的脆弱人群主要有儿童、老人以及残障人员。

在应急预案上，社区和家庭要针对此类人群制定单独的避难场所和避难路线，同时建立社区困难群体人员档案，摸清社区困难群体人员的基本情况及其可能面临的灾害风险；在物资准备上，要准备相应的特殊用品如氧气、处方药、轮椅、逃生绳、收音机、手电筒、哨子、灭火器、常用药品等；在灾害救助上，社区和家庭应该制定特殊的应急处置办法，如“一帮一”的结对帮扶政策。社区结对帮扶者都要有帮扶对象的联系方式，并定期进行探访。

社区可以针对特殊人群制定一份社区脆弱性人群的专项监护救助制度。在这方面，黑龙江大庆市让胡路区龙岗街道办事处旭园社区的做法值得借鉴。旭园社区制定了《旭园社区弱势群体减灾监护制度》，根据该制度社区形成了一个居委会、家族、邻里、朋友共同参与的安全管理网络：困难人员的家庭成员、亲属是困难人员安全的直接监护者；周围邻里、朋友被要求细心留意他们的行为；社区还落实专人，对困难人员进行登记造册，定期或不定期上门宣传消防安全知识，并建立安全联系卡，经常与监护者进行沟通，了解其行为动向。[①] 又如为每个老人、儿童等困难群体配备相应的应急卡。应急卡上首先要有本人的姓名、联系方式等基本信息；其次要罗列出社区发生灾害时的应急措施，比如说地震来了的处理措施，发生火灾的处理办法等。

五、社区灾害管理的应急响应

社区应急响应机制是一个社区针对各种灾害所确立的应急方案，通过该方案使得社区灾害所导致的损害最小。一个社区的应急响应机制是否健全，关系到社区灾害发生后的减灾效果。一个社区的应急响应机制从总体上看，应当包括家庭的应急响应、邻里互助应急响应、社区应急响应和政府部门的应急响应。

（一）家庭应急响应。当发生社区灾害时，家庭应当以最快的速度启动家庭防灾预案。要准确找到家庭应急包，并找出相应的应急物资；对家庭的特殊人群要启动相应的应急计划，保证其安全；及时报警和通知邻里，保证信息传递及时；按照家庭应急预案里设定的最优撤离路线撤离。

（二）邻里互助应急响应。在处理灾情的时候，互助显得尤为重要，社区里的居民在处理灾情的时候更要重视邻里间的互助。社区灾害发生后，邻里之间要相互提醒，按照社区的风险图来及时规避潜在的危险；更要相互协助，按照社区救灾防灾路线图和社区应急避难场所分布图及时脱离险境。

（三）社区应急响应。①启动社区应急预案，立即成立和启动社区防灾减灾工作处理小组，统一协调和处理社区灾害。②及时发布社区灾害信息。包括灾害发生的时间、地点以及灾害造成的损失，已采取的救灾措施和社区的需求。③及时组织救援，疏散受灾群众，尽快将社区群众转移至安全场所，并做好安置工作。

（四）上级领导单位应急响应。社区灾害发生后要及时向上级政府部门汇报灾情，并及时向相应政府部门进行求助，上级单位在接到社区灾害发生信息后，应及时启动上级救灾应急预案，要发挥上级组织的领导作用，调动相应救灾资源全面支持社区的救灾减灾工作。具体措施如下：①发挥自身整合资源的优势，调动各方对受灾害社区进行救助，从救援人员、救灾物资和救灾临时住所等方

①《“全国综合减灾示范社区”创建优秀经验选编》，2010 年。

面对社区救灾工作予以支持；②根据社区灾害发生的程度，对社区灾害导致的损害进行评估，积极号召社会各界进行救灾捐赠活动；③如果社区发生特大灾害，则及时成立现场指挥部，并请求上级有关部门进行支援。表 4–3 为上海市徐家汇地震应急处置工作机构职责表。①

表 4–3　徐家汇地震应急处置工作机构职责

各应急组	组成单位	主要职责
通联协调组	街道党办牵头	1. 通信保障 2. 对外联络与协调 3. 信息报告编写 4. 辅助指挥
灾情信息组	街道行办牵头	1. 地震知识宣传 2. 灾情调查与统计 3. 现场信息采集（录拍）
安全保卫组	街道派出所牵头	1. 社会治安保障 2. 交通维护 3. 重点目标保卫
物资保障组	街道社保科牵头	1. 基本物资储备、保管 2. 生活物品保障
抢险救援组	街道武装部、市政科牵头	1. 开展自救互救行动 2. 生命线工程与设施抢修 3. 道路排障清理 4. 协助专业队伍救援
灾民安置组	街道社保科牵头	1. 救灾物资和物品分配 2. 接受援助 3. 落实灾民食宿安排 4. 协助善后救济、赔偿等核实工作
疏散安置组	街道派出所、居委会和社保科牵头	1. 人员撤离、疏散安排与组织 2. 落实避难场所
卫生医疗保障	社区卫生服务中心牵头	1. 协助现场院前急救 2. 协助发放常用药品 3. 防疫监控、消毒 4. 饮用水与食品安全
居委联络组	街道行办牵头	1. 与各居委会联络、传达处置指令 2. 现场指导处置 3. 主要协助疏散和生活保障

① 《“全国综合减灾示范社区”创建优秀经验选编》，2010 年。

六、社区灾后的恢复与发展

社区灾后的重建，从时序上分，可以分为恢复性重建和发展性重建。恢复性重建是指社区灾后对住房、社区物资资源和社区基本生活物品的提供和重建，最终使社区恢复到灾前的面貌；发展性重建是指在社区恢复性发展的基础上，通过思考和规划，使得社区规划更为合理，实现社区居民抗灾能力的提升以及社区居民生活质量的提高。

社区灾害发生后，社区灾后恢复工作也就随之展开，需要立即启动社区灾后恢复机制。社区灾后恢复工作主要内容有：

（1）制定社区灾后恢复与重建的方针和工作机制。要成立一个社区灾后恢复领导组织，领导小组要及时向上级通报社区受灾程度，并向上级单位及时求助；及时启动社区灾后恢复志愿队伍，医疗卫生救护组要及时救助伤员，交通运输组负责社区重建物资的运输与调配，心理疏导组要起到安抚社区居民情绪的作用，后勤保障组要保证受灾群众的基本生活。

（2）制定一个社区灾后恢复的重建规划。该规划要立足于提高社区防灾性能，避免同样的灾害再次在社区发生，并保证社区重建的顺利进行。社区重建规划需要针对不同的灾害制定不同的恢复措施，如火灾发生后，社区要注重加强易发生火灾的区域的防火建设，而水灾发生后，社区则要加强抗洪设施建设和重建社区排水设施。通过合理的社区灾后恢复规划，尽可能地帮助社区受灾群众尽快恢复到灾前生活状态。

（3）进行社区居民灾后心理恢复工作。社区灾害的后果不仅仅给社区的基础设施带来重大破坏，还会对社区居民的心理产生重大冲击。灾害会在很长时间给居民造成心理伤害，因此灾后的心理恢复工作显得尤为重要。首先，社区灾后重建领导小组要针对受灾严重的居民采取特殊救助方针，通过心理专家的心理疏导抚平受灾群众的心理创伤。其次，发挥社区心理疏导组的作用，社区心理组都是由在社区影响力大、亲和力强的人员组成的，通过心理疏导使受灾群众得到心理安慰。最后，在社区建立灾后心理咨询和治疗场所，为受灾群众提供各种心理咨询服务。

（4）启动救灾资金，保证社区基础设施建设的恢复。社区灾害发生后，原有的基础设施会不同程度地遭到损害，灾后社区配套设施重建是社区灾后恢复工作的重要方面。根据2008年实施的《灾后捐赠管理办法》第5条规定，救灾捐款物的适用范围包括：①解决受灾群众衣、食、住、医等生活困难；②紧急抢救、转移和安置受灾群众；③受灾群众倒塌房屋的恢复重建；④捐赠人指定的与救灾直接相关的用途；⑤经同级人民政府批准的其他直接用于救灾方面的必要开支。社区灾害发生后，要通过救灾资金和物资的投放，为社区重建和恢复受灾居民正常生活状态提供物质基础。

小　结

社区灾害管理机制包括横向运行机制和纵向运行机制，横向运行机制涉及社区灾害的参与机制、动员机制和灾害沟通机制，是多方参与灾害管理。纵向运行机制侧重的是整个防灾、减灾、救灾过程中的具体措施，侧重于全过程地进行灾害管理。

横向运行机制围绕多元参与主体，分为参与机制、资源动员机制和信息沟通机制。这三种机制都在多元参与的基础上构建起来，运行主旨在于促成社区减灾人力、财力、物力和信息的共享。其中参与机制最为基础，确立各个主体在社区减灾工作中的职责和相互关系。机制的建立主要是通过明确职责、共享信息和培养志愿者队伍等民间力量来实现。在社区灾害管理资源动员机制中，主要是从人力、物力及财力各个方面进行资源动员与支持。在减灾工作中，应保证物资来源的多样性，才能减少灾害发生时，物资匮乏或供应不及时的风险。在社区灾害管理工作中，建立良好的信息沟通机制，是促使防灾减灾工作顺利进行的重要保障。一般来说，一个完整的灾害信息沟通机制应该包括明确的信息内容、沟通的渠道，以及对于灾害信息的反应。信息沟通机制的建立就是要确保信息内容的全面、信息沟通渠道的畅通和灾害信息处理反馈的及时。

纵向运行机制的内容主要包括：社区灾害因子识别、社区脆弱性分析 、社区灾害管理规划、准备和应急响应，以及灾后的恢复与发展。灾害因子识别是社区灾害管理纵向运行机制中的第一步，对于社区致灾因素的提前识别，有利于以后防灾救灾工作的开展。灾害因子包括自然因子和人为因子，对这些因子时刻保持警惕，是防灾减灾的重要部分。社区脆弱性分析主要着手于社区里面的哪些人群、哪些地域、哪些方面更为容易受到灾害的侵害，并找出相应的控制和预防机制来弥补这一方面的不足。灾害管理的规划，主要指灾害管理预案、土地规划和基础设施规划。规划得是否恰当，直接关系到灾害发生时，人群疏散、避难和安置的效率和效果。社区灾害的发生会给社区居民带来很大的负面影响。如果各个防灾主体在灾害发生之前做好相应的准备，则会减少灾害给社区所带来的损失。因此，在社区防灾的前期阶段，社区、家庭和个人都应该做好相应的准备，以应对随时可能发生的社区灾害。社区应急响应机制是一个社区针对各种灾害所确立的应急方案，通过该方案使得社区灾害所导致的损害最小。一个社区的应急响应机制从主体上看，应当包括家庭的应急响应、邻里互助应急响应、社区应急响应和政府部门的应急响应。社区灾后的重建，从时序上分，可以分为恢复性重建和发展性重建。恢复性重建是指社区灾后对住房、社区物资和社区基本生活物品的提供和重建，最终使社区恢复到灾前的面貌；发展性重建是指在社区恢复性发展的基础上，通过思考和规划，使得社区规划更为合理，实现社区居民抗灾能力的提升以及社区居民生活质量的提高。

多主体参与的横向运行机制和全过程的纵向运行机制，组合成了社区减灾的总体运行机制。合理有序的运行机制是确保社区灾害管理有效进行的关键因素。因此，对于运行机制的不断完善，是社区灾害管理建设的重要内容。

第五章　社区灾害管理的技术应用

20世纪90年代以来，特别是进入21世纪之后，地震、洪涝、台风、核事故等一系列突发公共事件呈现高发态势，严重威胁着人们的生命和财产安全。自然灾害的发生不以人的意志为转移，但人们可以运用各种现代先进技术提升灾害管理水平，把危害降到最低。可以说，灾害管理中技术应用的广度和深度直接影响着整个灾害救援的效率及效果。本章节将对避难疏散场所规划、预警报灾途径和物资储备三大方面的减灾工作提供技术指导。

第一节　社区灾害避难疏散场所规划

2008年的汶川特大地震给人们留下了难以磨灭的沉痛记忆，当时受灾城市市内、城市社区周边和近郊缺乏临时安置和疏散人员的场所，而数百万居民又无法紧急疏散到几十里外的乡镇，这在减缓救援进度的同时加大了救援工作难度，造成了不必要的人员伤亡与损失。因此，建设城市和农村社区灾害避难场所及规划疏散路线，就显得刻不容缓。

一、社区灾害避难场所概述

（一）社区灾害避难场所概念

根据目前国内外相关研究成果及规范，应急避难场所是指具有一定规模的宽敞用地，划定各类应急功能区，配套建设应急救助设施（设备），储备应急物资，设置标识，具备接纳受灾市民紧急、临时或长期疏散避难（生活）的基本条件，并在外围设置应急疏散通道，方便政府和其他组织开展救灾工作的场所[①]。

---

① 杨文耀、林伟明：《城市应急避难场所布局研究——以上海市中心城应急避难场所布局规划为例》，载于《城市规划学刊》，2008年第10期。

日本《地方政府避难设施设计规范》对应急避难场所的定义是：在发生强烈地震后能够收容周边地区避难者，临时或较长时间集中暂避灾难，避免震后火灾、海啸袭击，确保避难者生命安全、拥有一定面积的公园和绿地等开放空间[①]。本书认为，社区灾害避难场所是指为应对社区突发公共事件，经统一规划布局、建设实施，具有应急避难生活服务设施，可供社区居民紧急疏散、临时生活的社区安全场所。

（二）国内外发展现状

1. 国外发展现状

处于太平洋板块和亚欧板块交界处的日本，地质变动非常剧烈，平均每年发生有震感的地震达1000次之多，因而，日本对灾害避难场所进行了长期的研究。

早在江户时期，当发生地震或火灾之后，地方政府建设“御救小屋”来救助灾民，并提供相关的援助。近代的两次大地震中，关东大地震发生时东京就有七成以上的居民因顺利进入避难场所而幸免于难，而在1995年的阪神大地震中，避难所收容的灾民数一度达到30万人。[②]由此可见，避难场所在灾害发生时发挥着重大功能。日本社区中现已形成以防灾公园、城市绿地和学校体育馆等大型公共建筑三者为主的应急避难场所体系。

美国城市社区住宅的60%建有地下室，州以下政府用的“紧急活动中心”已建成5万多个，其他公共掩蔽工程达到20多万个。从1961年起，经民防部门认可的适于作一般掩蔽部地下室的有25万余处，经改装可作为防辐射掩蔽部的有11.9万处。最大的新奥尔良民防掩蔽工事可容纳10万人之多，内设办公室、寝室、粮库、药品库、电站及供水、卫生、净化和空调等设施，并设有防震和抗冲击波的防爆门。[③]

在瑞士，社区内的公共场所、体育馆、文化馆、学校的操场等经过改造后可作为室内或室外应急避难场所。瑞士的民防设施可以称得上是世界上最完备

① 吴静、郝刚、姬慧:《浅谈日本应急避难场所在破坏性地震下的作用》，载于《太原大学学报》，2011年第46期。

② 彭锐、刘皆谊:《日本避难场所规划及其启示》，载于《新建筑》，2009年第2期。

③ 宋友余、邹力:《国内外应急避难场所现状》，载于《城市安全》，2011年第7期。

的，按照地区和城市划分来进行民防掩蔽工程并使之相互连通。其中，还开设有地下医院、地下指挥所、紧急救护站等，并储备了至少维持两周以上的饮用水、粮食等日用品。

2. 国内发展现状

我国是世界上自然灾害最为严重的国家之一。灾害种类多、分布地域广、发生频率高、造成损失重。洪涝、干旱、台风、风雹、雷电、高温热浪、沙尘暴、地震、地质灾害、风暴潮、赤潮、森林草原火灾和植物森林病虫害等灾害在我国都有发生。70% 以上的城市、50% 以上的人口分布在气象、地震、地质和海洋等自然灾害严重的地区。近 15 年来，我国平均每年因各类自然灾害造成约 3 亿人（次）受灾，倒塌房屋约 300 万间，紧急转移安置人口约 800 万人，直接经济损失近 2000 亿元。①

面对如此严峻的灾害风险，《国家综合减灾“十一五”规划》提出了八方面的建设任务，其中重要的一项就是：加强城乡社区减灾能力建设。其具体要求：推进基层减灾工作，开展综合减灾示范社区创建活动；不断完善城乡社区减灾基础设施，全面开展城乡民居减灾安居工程建设；强化减灾避难功能，在多灾易灾的城乡社区建设避难场所。

全国的应急避难场所自 2003 年始建的北京元大都城垣遗址公园应急避难场所试点推广到全国各大城市。截至 2011 年年底，国家减灾委员会、民政部决定命名北京市东城区交道口街道鼓楼苑社区等 1281 个社区为“全国综合减灾示范社区”②，这些社区将应急避难场所的建立视为一项重要任务。

目前，我国在社区应急避难场所建设方面虽然取得了一定的成绩，但尚存在一些不足。如关于避难场所建设的具体标准目前尚无统一的规定，只在零星的几部法律法规中作出了简单的规定。具体有《突发事件应对法》第十九条规定：“城乡规划应当符合预防、处置突发事件的需要，统筹安排应对突发事件所必需的设备和基础设施建设，合理确定应急避难场所。”《国家自然灾害救助应

---

①《国家综合减灾“十一五”规划》，2007 年。

② 中华人民共和国民政部，《国家减灾委员会　民政部关于命名 1281 个社区为“全国综合减灾示范社区”的决定》，http://www.mca.gov.cn/article/zwgk/tzl/201112/20111200248169.shtml，2011 年。

急预案》中提到："县级以上地方人民政府应当根据当地居民人口数量和分布等情况，利用公园、广场、体育场馆等公共设施，统筹规划设立应急避难场所，并设置明显标志。"

（三）设计原则

关于社区灾害避险场所的具体设计要求，各国和地区都有所不同。其中，日本为了应对地震和台风暴雨等灾害，在城市社区和居民点建设了很多避难场所。在东京与地区居民生活圈相连的学校操场、神社、寺庙院内、公园、绿地、小区广场等指定临时避难场所有几千处。10公顷以上公共空地的，步行40分钟、3000米以内可达到的地区避难所近200处，计划避难人口1000万人左右。此外，把各区的小学、中学、高中和公民馆指定为室内避难收容所，标准为每两人3.3平方米左右。所有被指定为避难场所的公立中小学，在校内必须设立仓库，储备食品和药品、帐篷等应急物资，按照学区单元为社区居民提供服务。①

美国也是一个灾害多发国家，1953年到2004年6月底全国共发生1529次灾害，其中，佛罗里达州为受灾害侵袭最多的3个地区之一。在应急避险场所建设上，根据佛罗里达塞米诺尔郡应急管理司的规定，公共避难场所分三类：大众避难所、特需避难所和最后撤离避难所。②

综合各国经验和中国地震局《关于推进地震应急避险场所建设的意见》以及各地突发公共事件防灾应急避难场所规划，主要可提出以下7点社区灾害避险场所的设计原则。

1. 安全可靠：社区灾害避险场所的布置，应尽可能远离社区高大建筑物，易燃、易爆化学物品、核放射物品存放处，以及可能发生各类地质灾害的地点，以避免社区居民遭受二次伤害。

2. 因地制宜：社区灾害避难场所布局应根据本社区的自然环境、地理环境、公共场所的特征和分布位置，以及彼此间的关系，来进行规划设计。

3. 就近布局：社区灾害避险场所应就近安排，一般以步行5—10分钟到达为宜，保证社区居民在突发公共事件来临时能够迅速撤离危险地带，到达避难场所。

---

① 蒋树声主编：《灾害管理与构建和谐社会》，北京：群言出版社2008年版，第231—232页。

② 同①，第232页。

4. 平灾结合：可将社区内现有的并具有一定规模的社区绿地、公园、休闲健身广场、学校健身广场、学校操场等场地，建设改造成为能够发挥应急避险作用的场所。平时作为居民休闲、娱乐、健身等活动场所，在遇有地震、火灾、洪水、爆炸等突发重大灾害时作为避难、避险场所使用。

5. 快速通畅：社区灾害避险场所应建设多条与之连接的应急通道。同时，应急通道应畅通无阻，保障受灾居民快速、无阻地到达。

6. 分级建设：根据社区场地面积、相应条件与设施功能，可将社区避难场所分成若干等级，如大、中、小型，以使避难所分级发挥作用。

7. 多灾种利用：社区灾害避险场所的选取，应以多灾种均可使用为原则，不应仅适用于某一类突发公共事件或特定灾种，力求防灾减灾成本与效益相结合。

二、社区灾害避难场所的规划

（一）社区灾害避难场所的选址标准

社区灾害避难场所作为受灾居民的临时安置点，是整个紧急疏散工作成功有效的关键，而合理选址是使避难场所发挥其作用的首要条件。选址时，应综合考虑当地的地质条件、人口分布、人口密度、建筑密度等情况以及居民疏散的要求。甘肃省兰州市地震应急避险场所建设方案中的选址标准主要根据“就近、可通达、易实施、平灾结合”的原则，利用现有的广场、公园、绿地、体育场、学校操场、社区空地等空旷场地作为地震应急避险场所。基本选址标准有：1. 区域人口相对密集；2. 场地面积空间较大；3. 场地综合安全条件较好；4. 交通方便，易于通行；5. 疏散道路，畅通无阻；6. 周边建筑物抗震性能强。[①]

其中，对社区避难场所的用地选择主要有以下几种：

①各类绿地：包括城市公园、居住区公园、小游园、符合标准的街头绿地等。

②露天宽敞空地：包括各大学、中小学的操场、广场等符合标准的宽敞空地。

③体育场及其他：大型体育场、停车场以及符合标准的宽敞空地。

---

① 资料来源：《兰州市人民政府办公厅关于转发兰州市地震应急避险场所建设方案的通知》，2007 年 6 月 10 日兰政办发【2007】82 号文件。

根据史亮的《北京市地震应急避难场所规划研究》①，地震社区应急避难场所的选址需满足以下条件：

第一，地质条件。选址时要避开地震断裂带、砂土液化、沉降、断裂、泥石流等可能发生地质灾害的地区，以及远离泄洪区、低洼地易积水地区，以确保场所的地质安全。

第二，建筑倒塌范围的影响。为保证地震应急避难场所的使用安全，场所的规划应根据其周围建筑的高度，选址在倒塌范围以外，以避免建筑物倒塌对场所造成危害。同时，地震应急避难场所周围的建筑应符合所在地区建筑抗震设防等级要求。建筑物倒塌范围一般测算方法为：砖石混合结构、预制板楼房屋为1/2H-1H；砖石混合结构、现浇板为1/2H；砖承重墙体房屋为1/3H-1/2H（其中，H为建筑檐口至地面的高度）。

第三，次生灾害影响。地震应急避难场所与次生灾害危险源的距离应满足国家现行重大危险源和防火的有关标准规范要求（距易燃易爆工厂仓库、供气厂、储气站等重大次生火灾或爆炸危险源的距离应不小于1000米）；四周有次生火灾或爆炸危险源时，应设防火隔离带或防火树林带（场所与周围易燃建筑等一般地震次生火源之间应设置不小于30米的防火安全带）。

第四，周边疏散通道要求。地震应急避难场所关系到群众疏散速度以及今后政府部门的救助工作，应选址在周边道路条件较好的用地，以利于受灾群众的快速疏散转移，其中，紧急避难场所周边应设置4条以上疏散道路（要安排在不同方向上）。另外，参照一般防火通道的有关宽度标准，紧急避险场所的道路宽度不小于3.5米，长期避难场所疏散道路的宽度不小于15米。

（二）社区避难场所的分类

由于灾害频发，日本在防灾避险方面进行了长期的探索和总结，形成了自己的一套防灾避险体系和思想。在日本防灾避险体系中，对避难场所的要求是根据防灾机制在各阶段的运作需求来划分等级，基本上分为紧急收容和长期收容两大类，大致可区分为三个等级，并在全市地图上进行标识，以此形成整个城市的支援系统②。

---

① 史亮：《北京市地震应急避难场所规划研究》，载于《北京规划建设》，2008年第4期。

② 彭锐、刘皆谊：《日本避难场所规划及其启示》，载于《新建筑》，2009年第2期。

1. 第一级：临时集合场所（Shugobasho)，指当受灾群众无法在第一时间进入广域避难场所时，而就近提供受灾群众进行临时停留、等待支持的避难空间，并作为第二阶段避难行动前的集合场所。由于需要提供紧急的庇护，此类避难场所通常面积较小且分散于城市各生活区域之间，并多选用邻近住宅、商业、办公区之安全或空旷、低建筑密度的公共场所。

2. 第二级：广域避难场所（Hinanbasho)，主要是作为第二阶段避难行动的集中场所，以确保避难者的生命安全，提供人员有效的活动与安全停留面积为主要目的。其特别强调需要具有防御火灾延烧及其他危险灾害的能力，主要以城市内大规模的公园、绿地为主。

3. 第三级：避难所 (Hinanjo)，指提供给因灾难导致家屋倒塌、烧毁而无处居住的民众作为较长时间居留的场所。由于能提供一定程度的居住条件，其也作为后期重建时受灾群众的主要收容场所，此类场所一般以学校、会所、公民馆等具有一定结构强度的公共建筑为主。

我国也有类似的避难场所分类。汶川地震后，上海市结合国家规范及上海城市特点，按服务期长短以及其规模大小，将应急避难场所分为四类。

一类应急避难场所：为长期应急避难场所，可以安置受助人员 30 天以上，具备完善的基本生活保障设施，用地面积在 2 万平方米以上。

二类应急避难场所：为临时应急避难场所，可以安置受助人员 10 天以上 30 天以内。作为中转受灾群众的场所。具备一定的基本生活保障设施。用地面积在 4000 平方米以上。

三类应急避难场所：为紧急避难场所，用于应急疏散居民。安置受助人员 10 天以内．具备必要的基本生活保障设施，用地面积在 2000 平方米以上。

特定应急避难场所：即结构绿地。包括外环绿带、楔形绿地等，是灾时及灾后恢复活动的基地。同时满足基本的避难空间需求。其中，一类应急避难场所是规划和建设的重点。

根据我国社区发展的规模和特点，可将社区的避难场所分为三种：紧急避难场地、小规模临时避难场所、社区收容场所[①]（见表 5–1）。

---

① 丁石孙:《城市灾害管理》，北京：群言出版社 2004 年版，第 90 页。

表 5-1 社区各级避难场所规模、避难时序及功能

种类	场地类型	规模	避难时序	功能
紧急避难场地	道路、空地、小公园、小广场、小绿地、活动场	人均站立约需 1 平方米的面积，可容纳 50 人以上，服务半径为 270—350 米	灾后 3—20 分钟避难	临时停留、急救的场所
小规模临时避难场所	功能社区公园、广场、学校、体育场、车站、活动场	每人平均拥有 2 平方米的避难面积，规模为 1000 平方米左右，服务半径为 350—600 米	灾后 10 分钟—3 小时避难	提供临时避难、流动医疗、应急水电、应急厕所等功能，作为灾害时临时中转
社区收容场所	街道社区公园、大型开发广场、生态绿地等大型开发空间	每人平均拥有 5 平方米的避难面积，规模在 10000 平方米以上，服务半径在 2000 米以下	灾后搭建帐篷、简易房作为长期收容	医疗救护、集散物资转运、安置居民、救灾指挥

以北京市朝阳区香河园街道柳芳北里社区为例①，它是 20 世纪 80 年代建设的老旧城区，位于朝阳区北三环东路内，东邻左家庄西街，西至轻轨 13 号线柳芳站，南依柳芳街，北靠柳芳北街。辖区总面积 0.32 平方公里，30 栋居民楼，3993 户，1.1 万人，流动人口 1600 余人。

近几年来，在科学规划避难场所方面，该社区形成了 8 个避难场所的避灾安置网络（如柳芳北里应急避难场所示意图如图 5-1 所示），一旦灾害发生，可以安全有序地安置受灾居民。避难场所容量根据常住人口、平均每年受灾人口以及每年转移（或需要转移）的人次等数据，结合社区常年受灾区域的区域大小、危房数量、交通状况等进行综合测算。

其中，8 个避难场所分别为：柳北社区门前广场，200 平方米，可容纳 200 人；16 号楼后面一条街，400 平方米，可容纳 300 人；25 号楼西面靓丽街，500 平方米，可容纳 400 人；12 号楼西面小广场，300 平方米，可容纳 200 人；5 号楼前小广场，200 平方米，可容纳 100 人；2 号楼、3 号楼西面街心花园，200

① 资料来源于第四批“全国综合减灾示范社区”申报材料，民政部，2010 年。

平方米，可容纳 100 人；24 号楼前活动广场，200 平方米，可容纳 100 人；三里屯小学分校操场，500 平方米，可容纳 400 人。

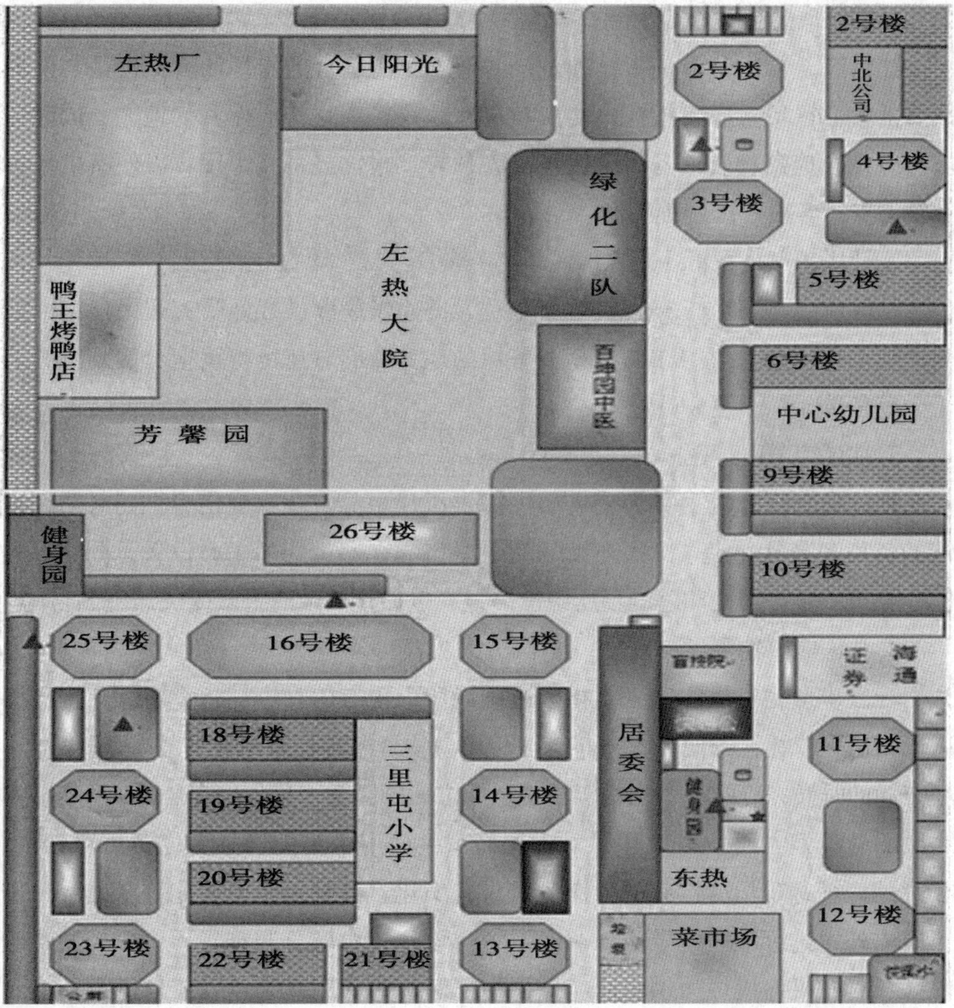

避难场所▲

图 5-1　柳芳北里应急避难场所示意图

（三）功能分区

一个避难场所的建设，还要注重其功能分区与配套设施的安排与建设。目前，全国各个社区灾害避难场所发展状况各不相同，有的社区已经建立了较为完备的灾害避难场所功能分区及配套设施，另一些社区还处于不断完善之中，但仍有很多社区仍处于避难场所功能分区及配套设施缺位的状态。

一般情况下，可把社区避难场所分为：社区应急指挥中心、社区应急篷宿区、社区应急医疗区、社区应急物资供应区这四种区域[①]。

1. 社区应急指挥中心

社区应急指挥中心是指管理及统筹避难场所运行的指挥场所，也是与外界联系的核心区域。应急指挥中心应布局在地势较高且交通便利的地方，同时还应有效结合应急物资储备、调度与灾害预警、报灾等科技手段，以便有效指挥及统筹安排各项社区避难工作。

2. 社区应急篷宿区

社区应急篷宿区指灾害破坏房屋后，搭建帐篷以供社区受灾居民栖宿的地方。应急篷宿区应集中布局在相对平坦的地方，同时还可将篷宿分区划分为若干个篷宿单元，以便人员管理。

3. 社区应急医疗区

社区应急医疗区主要为受灾居民提供医疗用品，救助受伤者，同时防止疫情的传染和蔓延。应急医疗救助场所最好布局在避难场所中心位置，同时兼顾医疗救援的服务半径和避难场所疏散路线，以便达到及时抢救受灾居民的目的。

4. 社区应急物资供应区

社区应急物资供应区主要指以避难场所内现有的物资储备仓库、超市、商店、药店为依托，方便在紧急状态时将应急物资分发到避难场所的各个转发点。在布局的时候，应同时考虑物资和交通两方面的因素，确保储存、供应两不误。

配套设施方面，2009 年 4 月，青岛市莱西市水集街道办事处黄海路社区，在月湖广场避难场所已有的生态、景观、文化、健身、休闲功能等基础上，按照国内外先进标准增建了应急避难系统。该系统由应急避难指挥中心、避难疏散区、直升机停机坪、供水、应急、物资储备室和广播等主要应急避难功能和配套设施组成，形成了一个较完整的指挥通信、电力、物资、信息流网络。如发生气象、地震等自然灾害，附近居民在政府的组织下，可快速疏散到广场中，得到生活物资、因灾伤病医疗、供电等方面的基本救助。

---

① 宋锐、孙成军、高松、汪强：《成都市大型避难场所工程设计浅析》，载于《城市道桥与防洪》，2011 年第 9 期。

三、社区灾害疏散路线规划

突发事件造成的巨大伤亡损失，一方面是因为事件本身具有严重危害性，另一方面是由于交通疏散策略不合理以及疏散道路选择不当等因素造成的。灾害发生时，如果说社区避难场所是呵护居民生命的保护伞，那么疏散路线便是支撑起这把保护伞的伞骨，只有伞骨牢固、轻便才能让保护伞更好地发挥作用。因此，在社区灾害管理中，疏散是重要的应对保护措施。制定合理的疏散路线在帮助社区居民顺利、快速地避难中显得尤为重要。

（一）社区灾害疏散路线概述

社区灾害疏散路线是指当社区发生灾害时社区居民的避难路径。社区灾害路线选择是人员疏散中的一个核心问题，如何合理安排疏散路线关系到能否及时有效地疏散危险区人员，完成救援工作。

当灾害发生时，社区居民自身便处于危险的第一线，此时政府或者其他组织机构未必能够准确获知灾难信息、了解灾害详情，所以需要居民自身作出应急反应，比如水灾时待在家里、公司或者学校等地进行原地避难，等待相关机构的安排与安置；若是情况紧急尚未等到救援，可按照平时防灾演习中的避难路线自行避难，具体情况如图 5–2 所示，社区居民会涌向各级避难场所，在一定程度上可实现人员分流，避免由于人群拥挤发生踩踏或者其他次生灾害。

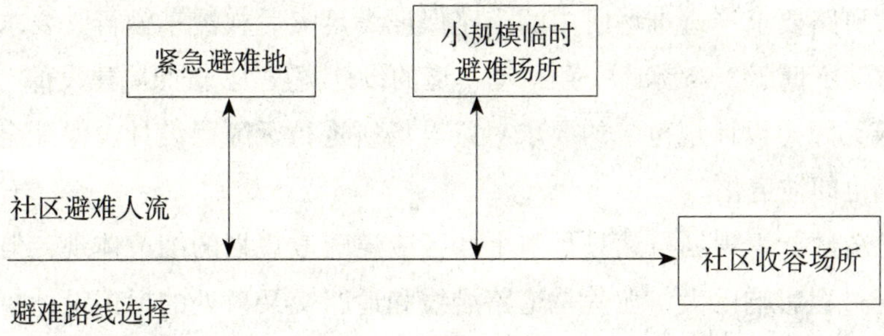

图 5–2　社区疏散路线图

在《全国综合减灾示范社区标准》评分表中，对在防灾减灾基础设施中的应急疏散路径有明确规定，具体标准为：应急疏散路径、指示标牌明确；在避难场所、关键路口配备安全应急标志或者指示牌，并要求社区居民知晓本社区灾害应急疏散的行走路线，以提高在灾害发生时的逃离速度。

自《国家综合减灾“十一五”规划》的实施、“全国综合减灾示范社区”评选活动开展以来，全国多个社区已经制作了社区防灾减灾应急避难场所及疏散路线示意图，如北京市门头沟区地震局为绮霞苑社区安装了地震应急疏散线路图和应急疏散指示牌，共安装地震应急疏散线路图 54 块，地震应急疏散指示牌 4 块[①]。这些举措缩短了社区居民的避难时间，极大地增加了灾难中居民的逃生机会。

伴随着科技的进步，2011 年 10 月，北京市基于政务地理空间信息平台而建立的社区层面的应急管理平台首次实现避险图电子化。其制作原理是：北京市各级民政救灾人员根据第一手救灾资料，录入各类信息 5 万余条，图上明确标出了社区管理人员、社区人口状况、风险源分析等信息，并通过电子地图标绘了社区避险路线图。电子化社区应急疏散避险图在全市逐步得到推广，根据电子图做成的应急疏散避险图会被放置在每个小区的显要位置。[②]

随后，北京首个“社区防灾减灾电子图”于 2012 年 5 月推出，居民只要登录市民政局网站，点击鼠标就能清晰地看到逃生路线、避险场所、安置场所等信息，甚至能清楚了解从自己家到避险场所的距离。遇到紧急情况，即使在黑夜，这些信息也能帮助居民找到逃离路线、尽快脱离危险。

（二）社区灾害疏散路线管理

社区灾害疏散路线管理中最为重要的就是疏散道路管理与疏散标识管理，只有疏散道路畅通无阻同时疏散标识清晰明了，才能保证社区灾民迅速逃离灾害现场。

疏散道路要求：避难场所内的道路保证满足灾后救援车辆行驶要求，主要道路的宽度不低于 3.75 米（一条机动车道的设计宽度）。按照原建设部《城市道路和建筑无障碍设计规范》的要求对避难场所进行无障碍设计，保证全部用地无障碍化也即坡道化。[③]

应急疏散标识规划虽然只是整个社区应急疏散规划的细节体现，但却对灾害管理全过程影响巨大，尤其是道路沿线和道路交叉口处的标识设计更是直接影响疏散的距离、时间、效率以及疏散过程中的有序性、疏散人群的心理等。

① 北京市地震局：《北京市门头沟区绮霞苑社区安装应急疏散标志标牌》，2012 年 4 月 13 日。

② 张亚庆：《北京将推广社区应急逃生图　在小区显要位置安置》，载于《北京晨报》，2011 年 10 月 20 日。

③《北京中心城地震及应急避难场所（室外）规划纲要》，2008 年 8 月。

疏散标识的具体要求如下：灾害发生时，保证疏散路线的指示清晰显得尤为重要。在日本东京，每一社区的显著位置（如社区入口、主要道路）都建有标明本区避难场所具体位置及到达避难场所的具体避难路线的指示牌。这不仅使得本区居民或工作人员在灾害发生时，能迅速到达最近的避难场所，而且有助于非灾区的流动人员在没有避难指挥人员指挥的情况下，按照指示牌的说明及时到达附近的避难场所避难。①

目前，我国已经规定了“地震应急避难场所周边道路指示标志”，并强调将标志摆放在与地震应急避难场所有关的醒目地方，使居民能够容易看到。具体见表 5–2，地震应急避难场所周边道路指示标志②。

表 5–2　地震应急避难场所周边道路指示标志

图形标志	名称	说明
	应急避难场所道路指示标志（蓝底）	指示应急避难场所的方向 用于应急避难场所周边道路
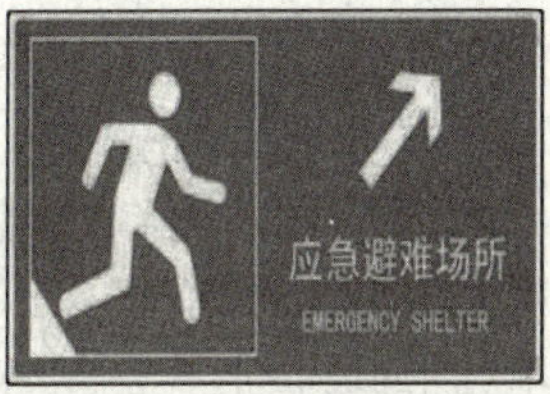	应急避难场所出口道路指示标志（绿底）	指示应急避难场所的出口 用于应急避难场所周边道路
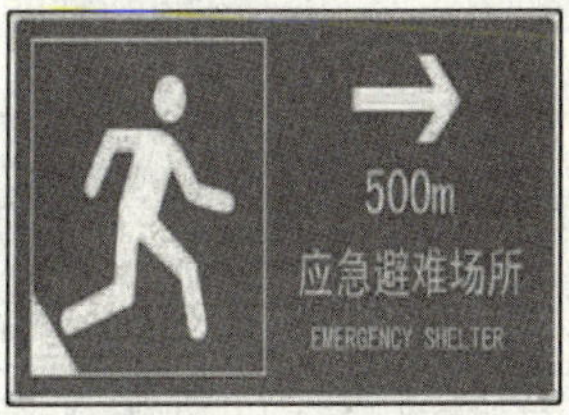	应急避难场所方向、距离道路指示标志（右转）（绿底）	指示应急避难场所的方向和距离 用于应急避难场所周边道路

① 余爽、唐劲峰：《日本的灾害对策体制对重庆城市防灾规划的启示》，载于《四川建筑》，2011 年第 1 期。

②《北京市地方标准〈地震应急避难场所标志〉》，2004 年 3 月 22 日。

续表

	应急避难场所方向、距离道路指示标志（直行）（绿底）	指示应急避难场所的方向和距离 用于应急避难场所周边道路
	应急避难场所出口道路指示标志（绿底）	指示应急避难场所的出口 用于应急避难场所周边道路
	应急避难场所方向、距离道路指示标志（右转）（绿底）	指示应急避难场所的方向和距离 用于应急避难场所周边道路
	应急避难场所方向、距离道路指示标志（直行）（绿底）	指示应急避难场所的方向和距离 用于应急避难场所周边道路

另外，疏散路线的日常管理与维护也不容忽视。对于应急疏散路线检查的指标有很多，本书结合消防应急疏散路线检查指标表[①]，总结了相关的指标。若达到指标画√，未达到指标画 ×，√的数量越多，应急疏散路线的维护工作越好。

① 任常兴、张欣、张网、吕东、王婕、李晋:《人员密集场所突发火灾事故应急疏散能力分析》，载于《中国安全生产科学技术》，2010 年第 2 期。

表 5-3　应急疏散路线检查指标表

检查内容	是 / 否
（1）灾害造成的火、热、烟气是否能够自由扩散到影响人群安全疏散的路径	
（2）场所内人员是否都能在适当的时间内疏散到完全区域	
（3）疏散通道是否满足现场人员疏散需要，是否通畅	
（4）安全出口的位置是否合适？疏散通道是否能够直接把人流导向尽可能安全的区域	
（5）一旦发生灾害，是否影响所有的可用的安全出口？是否至少有一条能够到达建筑内各个部分的疏散通道保持畅通	
（6）疏散通道上的门是否都能够向逃生方向打开	
（7）紧急情况下，所有安全出口的门是否都能迅速而省力地打开	
（8）场所内所有人是否熟悉且能够安全地使用疏散通道	
（9）场所内工作人员是否已经意识到保持疏散通道畅通的安全性	
（10）是否有其他特殊的或者非正常的注意事项	

目前我国社区在应急疏散方面虽然取得了一定成绩，但与国外相比，还存在技术方面的不足，主要有：社区公共场所应急疏散人员及其行为特性研究数据相对匮乏、社区应急疏散技术尤其是应急疏散计算机仿真技术研究落后于国外先进水平、应急疏散智能化系统及产品研发力度远远不足等。① 这些方面需要我们进一步研究、不断探索适合我国社区灾情的疏散技术。

（三）社区灾害疏散案例演示

社区灾害避难疏散规划是一个综合管理的过程，避难场所的分布、功能的分配、配套设施的建设以及疏散路线的安排是一个联动的过程。下文将以上海市普陀区曹杨新村街道桂杨园居民区为案例②，具体演示疏散避难的整体规划。

上海市普陀区曹杨新村街道桂杨园居民区位于曹杨街道西北角，总面积 11.7 万平方米。现有常住居民 2356 户，常住人口 5584 人。其中，60 岁以上老人 1873

① 秦挺鑫、薛淑艳、姚丽平：《我国公共场所应急疏散技术和标准发展对策初探》，载于《中国安全生产科学技术》，2010 年第 3 期。

② 资料来源于第四批“全国综合减灾示范社区”申报材料，民政部，2010 年。

人，6岁以下儿童67人，残疾人106人，精神病患者32人，外来人口957人。

由于近年该地区气候不稳定，每年汛期台风、暴雨常常突发。同时，该小区建成已有20多年，居民搬进搬出，装修致使房屋结构不同程度受损，可能导致建筑物倒塌。另外，有些居民消防意识淡薄，不注意用电、用火安全，存在火灾隐患。针对这些潜在危险或灾害，居民区编制了防灾减灾人员疏散撤离和应急防护预案，以适应本区域人员应急防护需要，提高其疏散防护应急能力，保障公众安全，维护社会稳定。具体参见表5–4人员疏散撤离的具体操作过程，针对不同的灾种，分别确定疏散时机、疏散对象、避难场所及实施办法以保证灾害发生时疏散撤离工作有条不紊地进行。

表5–4　人员疏散撤离的组织实施

灾种	疏散时机	疏散对象	避险场所	实施方法
台风暴雨风暴潮	来临前，接到预报	小区内可能危及的居民	19号城管科场所、33号边活动室、39号边活动室、70号活动室	迅速通知有关居民，按预案进行疏散
	出现险情时			按预案组织疏散
地震	接到地震预报	本小区居民	桂巷小学操场、杨柳青路、曹杨二中操场	迅速通知所有居民，按预案进行疏散
	强烈地震发生后			各楼道按预案，自行组织疏散
火灾	本小区内发生火灾时	本小区可能危及的居民	19号城管科场所、33号边活动室、39号边活动室、70号活动室	火灾现场及附近居民按预案自行疏散，同时迅速通知有关居民按预案进行疏散
	附近火灾可能危及本小区	本小区可能危及的居民		
化学事故	接到化学事故警报需要疏散时	小区内可能危及的居民	侧上风方向、远离危险源（污染区）的安全区域（备用避险场所为：桂巷小学操场、杨柳青路、曹杨二中操场）	迅速通知有关居民，按预案进行疏散
	化学事故发生后			按预案自行疏散
	发生燃气泄漏	可能危及的居民		
建筑物倒塌	本小区发生爆炸	爆炸、倒塌建筑物内所有居民、附近可能危及的人员	19号城管科场所、33号边活动室、39号边活动室、70号活动室	按预案自行疏散
	本小区因地质灾害，出现倒塌			

其中，把防灾减灾人员疏散编为 11 组，每栋楼分配一名引导员、每一组分配一个区域负责人（如表 5–5 所示）。当灾害发生时，由这些人员负责、引导居民按照设定的疏散路线逃离灾害现场。

表 5–5　桂杨园人员疏散编组及疏散避险场所划分一览表

序号	人员编组	区域负责人	引导员	楼栋号	疏散居民人数	应急避险所
1	第一组			80—82		疏散点 1（曹杨二中）
2	第二组			77—79		
3	第三组			71—76		
4	第四组			65—70		
5	第五组			54—64		疏散点 2（杨柳青路）
6	第六组			46—53		
7	第七组			29—45		
8	第八组			26—42		
9	第九组			14—33		疏散点 3（桂巷小学）
10	第十组			11—20		
11	第十一组			2—9		

在疏散路线方面，地震和化学事故人员疏散避险的路线有 9 条；火灾、建筑物倒塌和台风、暴雨、风暴潮人员疏散避险的路线有 9 条。地震和化学事故，人员疏散应急避险的场所共有 3 处：桂巷小学操场、杨柳青路、曹杨二中操场；火灾、建筑物倒塌和台风、暴雨、风暴潮人员疏散应急避险的场所共有 4 处：19 号城管科场所、33 号边活动室、39 号边活动室、70 号活动室。具体如图 5–3 所示。

图 5-3　桂杨园居民区防灾减灾应急避险场所及疏散路线示意图

综上，经过科学的疏散路线设计、疏散工作人员编组及人员疏散撤离的组织实施等方面的有效结合，桂杨园居民区有效地应对了区域内出现的各种灾害，为社区灾害管理提供了良好的示范。

第二节　社区灾害预警和报灾的途径

预警和报灾能否真正发挥作用，不仅取决于所传递信息的准确性，还取决于警报和报灾的有效性及快捷性。因此警报传播是灾害管理中的重要内容，而预警和报灾的途径选择成为预测预警、逃离灾害现场的关键环节。社区预警和报灾系统除可以利用已有的技术手段外，更应将通信电子技术领域已成熟的新技术、新手段融入到发布系统中，以使更多的居民及时获得准确的灾害信息。

尤其要关注能使灾害频发并且边远地区的人们获得预警信息的技术手段，以便更好地解决预警信息发布的“最后一公里”问题。社区预警发布和报灾的途径主要包括以下七种：电视、广播，电话、短信，报纸、网络，社区电子显示屏。

一、电视、广播

随着经济的发展，电视、广播已经走入了千家万户。这两类大众传媒，一方面，在日常生活中极大地丰富了人们的娱乐生活；另一方面，一旦灾害发生，它们则肩负起预警、报灾，保护居民生命财产安全的重任。

（一）电视

在汶川地震时，电视上正在播放节目，突然在节目画面下方出现一排小字：“温馨提示，青川县正在发生轻微地震，汶川无震感。汶川县防震减灾局，成都高新减灾研究所。”这是我国首次实现在电视上实时播出地震预警警报，只要汶川电视台安装一套电视地震预警接收服务器，就可以接收由成都高新减灾地震预警系统所发出的预警信息。一旦在汶川2万多平方公里余震地区发生地震，系统都可以发送预警信息到汶川电视台播放的各个频道当中。[①] 由于电波传播速度比地震波快，这样就利用地震波传播和电波传播的时间差，抢出了避险时间，提高了社区居民避险的成功率。

在日本，因灾害频发，每年政府都会在防灾新技术的开发研究上投入大量的资金，并且尤其关注预警阶段的新技术研制。日本许多家庭的电视机都有自动控制功能。在深夜，即使在家里的电视机都关闭的情况下，预警信息由信息终端发出后，电视机会自动打开，播放预警报道，以惊醒梦中人，提醒他们及时避灾。这个时候，电视机实际上就是一个家庭的灾害实时报告器，在任何情况下，都会第一时间把灾害信息传播到千家万户。[②]

我国为解决广播电视信号覆盖“盲区”即偏远地区农民群众收听广播、收看电视问题而实施广播电视“村村通”工程。“村村通”工程除了是信息、文化和教育扶贫的重要手段外，更是国家突发公共事件预警信息发布系统中的重要发布手段之一。但在目前的实际运行中，“村村通”面临着一系列的问题，由于

① 李逢静：《中国首次在电视屏幕上发布地震预警》，载于《成都商报》2012年5月17日。

② 杨黎：《日本自然灾害的信息传播及对我国的启示》，华中师范大学硕士论文，2009年。

用户多在边远社区，工作量大且面广，故而维修成本很高。虽然设备生产企业考虑了部分维护费用，但和设备后期维护产生的实际费用还是有很大差距，急需上级相关部门尽快解决直播卫星维修费用规定问题，确保卫星直播“村村通”工程的长效性。①

（二）广播

广播作为典型的大众传媒，以其单向灌输的传播方式与社区服务功能相结合，使得广播与社区听众之间建立起一种“亲密的社会关系”。在现代社会，各种突发事件层出不穷，特别是面对各种自然灾害，如果灾区不能及时从外界获取权威信息，那么由此引发的恐慌比地震本身还要可怕。这时，无线电就成为灾区了解外界情况的主要途径，广播的优势在这一非常时期顿时凸显出来。②

在突发公共事件中，广播作为政府直面受灾社区进行救灾的指挥平台，作为及时发布灾情信息的可靠媒介，能为夺取救灾的最后胜利提供强有力的舆论支持。2008 年这一灾害年中，南方低温雨雪冰冻灾害和汶川地震接踵而来，广播利用它自身的传播原理发挥出不可替代的预警和报灾作用。

随着科技的发展，广播技术在灾害管理方面不断创新。2011 年 11 月，北京市朝阳区双井街道苹果社区举行应急疏散演练，首次立体展示了社区应急广播系统的实际应用。系统分发射机和接收机两部分，发生地震等紧急情况时，发射机将发射信号，强制居民家中的接收机自动开机，第一时间传递预警信息和灾害情报。如果机房、发射台、发射天线遭到毁坏，发射机可由工作人员转移至安全区域架设临时应急广播系统，利用手摇、电池、太阳能等供电方式继续运行。③

在地震中，每个人最好都携带收音机，以便获得政府或者其他机构发布的预警和灾害信息。在日本，每一个家庭都有这样一个广播接收工具：手摇充电的收音机及电灯。它体积小巧，仅手掌般大小，内带收音机（限日本国内使用）、发光二极管灯泡、警铃以及便携电话充电功能。因为它是用手动摇杆来充电的，

---

① 李晓波:《山区农村广播电视“村村通”跨越发展的实践与思考》,载于《广播电视信息》,2011 年第 3 期。

② 张春佳:《浅谈广播在突发事件中的特殊价值》，载于《跨世纪》2008 年第 10 期。

③ 北京市朝阳区政府官方网站:http://www.bjchy.gov.cn/dynamic/dynamicwork/8a24fe833368f2ab0133a0977b030294.html.2011 年 10 月《电子化社区应急避险图在朝阳区首次应用》。

所以不用电池。手摇一分钟（约 120 次）的充电量，可供收音机使用约 60 分钟，或是照明约 30 分钟，如果用于手机，可以通话约 3 分钟。[①] 但在我国现实生活中，由于种种原因越来越少的人愿意购买收音机，极大地浪费了覆盖面很大的广播资讯，所以应呼吁对收音机进行技术革新，以方便居民将其作为家庭基本的防灾减灾工具，以便更快速、敏捷地应对突发的灾害。

二、电话、短信

据中华人民共和国工业和信息化部的统计公报显示，截至 2011 年年底，我国手机普及率已经达到每百人 73.6 部。手机的普及带动了电话语音、文字短信业务的发展，同时也为利用电话和短信提供或者接收灾害预警信息提供了契机。

（一）电话

利用电话进行灾害预警，包括固定电话和移动电话。目前很多社区已经开通了自己固定的应急号码，常用应急救援电话如图 5–4 所示[②]。手机作为越来越重要的信息传递工具，逐渐成为人类的“影子媒体”，也成为预警和发布灾害信息的极为重要的工具之一。

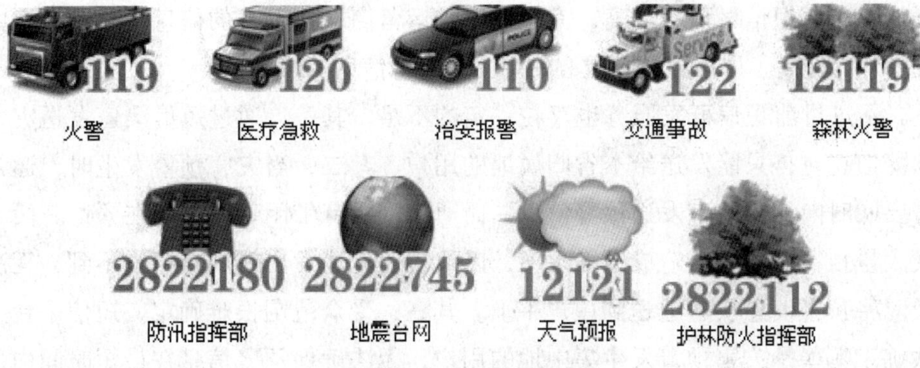

图 5–4　常用应急救援电话

据调查许多社区的防御灾害通信应急措施中都有这样的规定：通过人防专线电话，联系区指挥部、各部门及相关单位；通过区政府总机转各部门；市内

① 北京日报:《遇突发灾害发布预警信息　五社区将试点应急广播》，http://bjrb.bjd.com.cn/html/2011-10/12/content_5399.htm，2011 年 10 月 12 日。

② 阿坝州政府应急管理办公室：常用应急救援社会公共服务电话，http://www.abazhou.gov.cn/yjgl/yjfw/qjdh/。

直线电话，联络所有有关单位，由此足见电话在灾害预警中的传播作用。

（二）短信

灾害预警信息的发布，是灾害信息管理的重要组成部分，是将预报成果转化为社会效益的一个关键环节。随着通信技术、计算机技术的飞速发展，灾害预警媒介也在不断更新换代。

与其他灾害预警媒介相比，短信具备的最大传播优势体现在：主动性、便捷性。在生活、工作节奏逐渐加快的今天，居民可专注于自己的事情而不必费心搜索灾害预警信息，灾害预警信息相关部门（如气象部门）就会主动将居民可能未知的重要信息如气象灾害预警信息和突发公共事件应急信息直接传达给使用个体，从而使人们能更加迅速、全面地作出最有利的决策。同时，由于短信具有转发的功能，社区居民可快速地将信息转发给自己社区内的亲朋好友，一条有用信息，被一传十、十传百地转发，短时间内可形成一条社区应急预警信息传播链。

短信的预警功能主要是通过短信平台群发和运营商端口群发短信的方式来实现。近年来，短信灾害预警已经为人们所熟悉。其中，最显著的表现为10620121这一气象信息服务短信号码已为民众熟知和接受，这使得10620121下发的应急短信可信程度高，完全可以和运营商端口发布的信息一样具有权威性，从而提高了居民安全、放心使用灾害预警信息的信心。

不过目前短信群发服务也存在一定的不足。其一，通过短信渠道发送灾害预警信息时，只能发送给本省归属地的用户。其二，当灾害预警发生时，通常需要同时向几个地市发送预警信息，而通信网络有忙闲时段，若在繁忙时段下发大量预警短信，会造成网络阻塞，以致短信无法发出或用户接收不到，无法及时将预警信息快速地送到用户手上。其三，受众范围很难确定。短信平台无法确定哪些是灾害预警发生集中地的用户，无法确保预警信息在最短时间内传达到最需要的群体中。①

因短信群发在预警信息发布方面存在的不足，新技术——小区广播应运而生。小区广播（Cell Broadcast）是一种基于移动通信网络（GSM、CDMA）的信息广播服务，以移动通信网的蜂窝结构为基础，利用广播控制信道（BCCH）

① 李娜、陈静、贾子冰：《小区广播在气象灾害预警信息发布中的应用》，第26届中国气象学会年会论文集。

向手机客户按区域、按频道发送各种实时、动态、分类的广播信息，消息发送的覆盖范围可以是一个扇区（Cell），也可以是一个基站（BTS）或由若干基站组成的既定区域（Area）甚至整个移动通信网。[①]

小区广播通过点对面广播的方式传播，使用现有电信交换系统的闲置资源，占用带宽少，信息发布快捷迅速，时效性强，几分钟就可以将信息发布到指定区域的所有接收终端。信息发布范围以无线蜂窝为最小单位，根据基站位置直接进行定位，灵活控制范围，可以针对某一个特定区域的全部用户（不分省市）发送短信，有力地弥补了短信群发的不足。[②]

但在目前的实际生活应用中，因小区广播要求用户主动在手机上开通相应频道，而目前各种手机的开通方式不尽相同，导致使用小区广播的用户比较少，这严重影响了预警信息发布的实际效果，也是小区广播发展的最大瓶颈，所以目前小区广播只是作为灾害预警短信应急管理的一个辅助措施，在社区中的普及率还比较低。

三、报纸、网络

从报纸到网络的发展史既是一部中国科技逐渐进步的历史，也是中国国民在信息接收习惯方面不断变更的历史。由于报纸和网络的不同特征，导致两者在灾害预警和传播灾害信息方面的时效、详略程度以及可变更性方面存在很大差异。但不管差异如何，两者都是灾害管理中不可或缺的预警和报灾途径。

（一）报纸

报纸被喻为社会环境的守望者，监测预警是其基本的社会功能。传播学四大奠基人之一拉斯韦尔在其著作《传播在社会中的结构和功能》中提出传播的“环境监测”功能，他认为传播的本质在于客观精准地反映现实世界，并对影响人们生存状态和社会进程的外界变化要时刻保持一种高度警觉，以便及时告知公众并采取相应的预警措施。

---

① 苏献锋、张娟:《气象灾害预警信息收集小区广播技术浅析》，载于《青海科技》，2008 年第 3 期。

② 曹春生、林庆莲:《GSM 小区广播短消息业务及其在出租车调度中的应用》，载于《移动通信》，2000 年第 1 期。

由于报纸具有大众性、真实性、权威性以及很好的政策和资源优势等特点，所以目前我国社区中尚存在很大一部分报纸阅读者。上海市卢湾区五里桥街道为加强减灾宣传教育，强化社区居民预警意识，营造社区综合减灾氛围，专门制作了《五里桥报》，定期刊载防灾减灾专版，提供各种灾害预警信息，将报纸和社区居民的生活紧紧联系在一起，提高居民防灾减灾意识和能力。

但目前，我国报纸在灾害预警方面存在一定的缺失，突出反映在突发事件发生前夕反应能力较弱，也反映在发挥预警作用时存在规避风险心理。通常情况下，在危机处于潜伏期时，相关信息元素均不明朗。对于报纸来说，预警信息的发布与否需要经过仔细的洞察和认真的权衡，信息披露及时准确是其职责所在，然而它们又必须承担因此可能带来的法律风险。危机面前，一些报纸媒体出于保护自身利益的短见而置新闻职业道德或操守于不顾，在预警责任和个体私利之间选择了沉默①。这种状况是我们在今后报纸预警信息发布方面亟待解决的问题。

（二）网络

随着网络信息技术的不断发展，目前，在我国“数字城市”、“数字社区”的概念已经得到普遍认识并逐渐获得认同。“数字社区”也逐渐由规划、研究步入了实际社区管理中，真真切切走进了社区的日常建设中。其中，比较成功的社区服务网站有北京市潘家园地区、天津市和平区、上海市、浙江省宁波市等。②同时，广西在城市突发事件应对管理建设上也取得了一系列令人瞩目的成效，其中，“信息报告网”的建成，规范了报告公共事件内容、格式和期限，初步建立公共卫生突发事件信息报告体系③，极大地提高了居民应对公共卫生突发事件这类灾害事件的能力。

上海市嘉定区真新街位于上海市城郊结合部，是上海市早期动迁安置基地之一。为了响应世博会“城市，让生活更美好”的理念，街道将清峪社区作为试点建设物联网，街道采用政府主导、社会运作的模式，对原有的都市港湾系

---

① 崔秋丽：《我国报纸突发公共卫生事件报道特点研究》，河南大学硕士论文，2009 年。

② 李顺延：《数字化社区网络管理平台的设计与实现》，山东大学硕士论文，2008 年。

③ 蓝常周、周超、张毅：《广西城市突发事件应急管理现状调查与分析》，载于《广西城镇建设》，2007 年第 3 期。

统进行改造。在对讲刷卡系统方面，升级原对讲系统，对人口管理功能、接收刷卡信息与中心联网等功能进行升级；优化异常出入警报功能；对楼宇可视对讲门口机增加新摄像头(CCD)，实行网络定位。通过这一系列的日常预警措施，为平安社区的构建打下了扎实的基础。

随着社区防灾减灾理念的加强，居民在社区网站上越来越活跃。加强社区网站灾害预警板块的建设，使其真正成为贴近居民、实时报道灾害的重要渠道的这项任务，越来越清晰地呈现在社区管理人员面前。为了实现通过社区网站快捷地发布灾害预警信息的目标，我们需要采取以下措施：

（1）及时发布预警信息，一个网站的生命力在于其能否经常更新，社区网站信息发布功能的实现关键在于保证能在第一时间发布突发事件相关信息，保证公民知情权的实现，减少恐慌心理的出现。因此，社区网站尽量要做到几小时甚至十几分钟就更新一次关于突发事件进展的信息，保证居民每次登录社区网站都能获得最新信息，增强公众对社区应对突发事件能力的信任和支持。

（2）保证社区网站在应急情况下提供信息服务。在应急状态下，访问社区网站获取信息的人数会突然增多，所以在进行功能设计时必须考虑到这个问题，避免出现在居民最需要信息时，网站因负荷过大而无法正常工作。

（3）注重互动交流功能。社区网站具有实现信息双向流动的功能，即不仅社区可以通过网站给公民发布突发事件的信息，居民也可以通过网站向社区进行信息反馈，比如在社区设立的BBS上居民互相讨论应急管理问题，也可请应急专家进行问题解答。[①]

四、社区电子显示屏

电子显示屏是一种通过控制半导体发光二极管的显示方式，用来显示文字和图形的显示屏幕，电子显示屏采用移动链路连接数据传输，通信费用低，技术成熟可靠，可以实时传输、同步接收，能满足跨地区的接入需求[②]。

社区电子显示屏系统支持的用户终端具有多样性（由用户选择），而且扩容

① 王宏伟:《重大突发事件应急机制研究》，北京:中国人民大学出版社2010年版，第90—91页。

② 袁晓燕:《浅谈LED大屏幕及其发展》，载于《中小企业管理与科技》，2009年第6期。

无限制，接收地点无限制，由嵌入式控制系统控制，可控性强，体积小，稳定性好，信息发送具备多操作终端。另外，它还可定时或不定时地发送重要灾害预警信息：暴雨、高温、寒潮、大雾、雷雨大风、沙尘暴、冰雹、雪灾、道路结冰、霜冻、森林火灾等，也可满足当地社区有关部门发送多条信息的需求，如交通管理、停水、停电等信息①。其主要优势体现在发布内容、发布时间、安放地点、可靠程度、覆盖程度、准确程度、灵活程度等七方面（具体如表 5–6 所示），这七方面的结合，有利于社区居民快捷地掌握各种公共预警信息，及时采取有力措施避免灾害。

表 5–6　社区电子屏优势分布表

评价指标	优　　势
发布内容	适合发布关于灾害的文字、图片等信息，内容真实、生动，多样化
发布时间	全自动无人值守实时发布信息，终端只需提供一台 PC 机就能实现本地天气预报、天气实况、灾害预警等灾害信息的 24 小时不间断自动播报，无须人工干预
安放地点	可安放在社区内的街区、居民小学、学校、医院、车站等人流密集场所，以及社区政府应急办公室、工矿企业等引起人们普遍关注的地方
可靠程度	以加密方式发送，信息从信息中心站直接发出，保证了信息的合法来源和权威性，杜绝违法信息
覆盖程度	显示屏架设灵活方便，不需要布线，信号覆盖范围广阔，信号稳定，彻底解决了农村气象信息“最后一公里”问题
准确程度	电子显示屏操作简单，信息发送快捷，长时间开机稳定，信息显示明显、准确、安全可靠
灵活程度	独立的载体运输，灵活选择运输内容，可随时发布突发公共应急和灾害预警更正信息，及时弥补了电视、报纸等媒体在这方面的时效不足

① 罗桂湘、刘立成:《气象影视为弱势群体服务的新思路》，载于《气象研究与应用》，2008 年第 21 期。

电子显示屏的建立将实现公共应急和灾害预警信息在第一时间的发布和传播，为广大公众提供及时、准确、有效的灾害预警信息。电子显示屏广泛分布在社区的学校、政府部门和企业等地，担负着传递灾害预警信息，最大限度地担负着减轻自然灾害引发的人员伤亡和财产损失的重任。但目前社区电子显示屏在实际操作层面上还存在一些问题①：

（1）个别号码发送不成功的情况时有发生。

（2）有误码的情况。

（3）存在故障率，主要是雷击、元器件损坏等。

（4）时间显示在断电时再重开容易出错。

（5）信息更新不及时。

这些问题有些是软件本身问题，有些是元器件问题，需要显示屏生产商不断改进软硬件设备。不过电子显示屏不管从外观、科技含量上，还是从预警信息的方便快捷程度上看，都极大地提高了社区防灾减灾能力，因此普遍得到社区居民的赞同和看好。

在灾害发生时，损失的降低率通常与获得警报的人数成正比，因而在预警信息发布和报灾过程中，应加强运用多样化的信息传递渠道如上述七种主要的信息传递途径。如果在广播、电视、手机信号等无法接收的情况下，还可采取高音喇叭、鸣锣敲鼓、鸣警笛、鸣号（哨）、奔走相告等方式。

第三节　社区应急物资储备

俗语有云："兵马未动，粮草先行。"对社区应急物资进行科学合理的储备是保障社区灾害管理顺利实施的重要环节。社区内的应急物资储备主要分为：社区应急物资储备、协议企业应急物资储备、家庭应急物资储备这三种模式。在储备的同时，也应注意应急物资的日常更新、管理工作，以使应急储备物资更加有效、全面地发挥作用。

---

① 刘锦泉、李新硕、李兴荣：《基于小区广播的分区气象预警信息发布方式》，载于《广东气象》，2008 年第 6 期。

一、社区应急物资储备概述

（一）社区应急物资储备的概念及发展

应急物资是为应对各种灾害所需要的各类物品、设备和设施的总称。从广义上来讲，凡是在灾害应对中所用的物资都可以称为应急物资。社区应急物资储备是指社区以及社区中的家庭为应对灾害提前准备的各类物资，是实施社区紧急救助、安置社区灾民的重要基础和物质保障。

2003 年突如其来的 SARS 给我国的应急物资储备带来空前的挑战，出现了应急物资储备供不应求的情况；2008 年的南方低温雨雪冰冻灾害以及“5·12”汶川地震中也出现了应急物资储备匮乏的紧急状况。如在地震发生后的 48 小时后，中央级救灾物资储备库的应急物资已被调空，但还是远远不能满足灾区对应急物资的需求。事实已经证明，如何做好突发事件应急物资的储备工作，已成为目前急需解决的问题。[①]

目前，我国已颁布《防震减灾法》、《破坏性地震应急条例》、《防洪法》等相关法律法规。个别单行法中也建立了应急物资储备制度，但这并未成为普遍做法，规定本身也非常简单。总体而言，针对社区的应急物资储备制度方面尚未形成一个规范化、综合性的规定体系。

（二）社区应急物资储备的意义

我国是个灾害种类多、分布地域广、发生频率高的国家，面临着巨大的突发事件的潜在危险，防控各种灾害的任务十分艰巨。实践证明，加强应急物资的储备尤其是基层如社区的应急物资储备工作，是提高灾害管理综合水平的重要环节，特别是对灾害发生时应急救援工作的展开具有十分重大的意义。

1. 加强社区应急物资储备是社区灾害管理的重要保障

俗语有云，“未雨绸缪，防患于未然。”对社区应急物资进行科学合理的储备是保障社区灾害管理顺利实施的重要环节。事先做好社区以及家庭的各种应灾抗灾综合应变措施、完善各种资源的储备至关重要。为了最大限度地降低灾害带来的损失以及对社区居民的伤害，保障居民的生命财产安全，建立完善的社区应急物资储备体系十分必要。

---

① 张永领:《中国政府应急物资的储备模式研究》，载于《经济与管理》，2011 年第 2 期。

2. 加强社区应急物资储备是提高政府灾害管理能力的重要方面

一个社区政府的灾害管理能力很大程度上是通过其在应对灾害时的效率来判断的。灾害管理能力强的社区政府能在最短的时间内迅速积聚各种资源应对灾害，减少对居民的伤害。所谓“养兵千日，用在一时”，平时的应急物资储备在灾害突发时就显得格外重要，是体现社区政府灾害管理能力的重要方面。一方面，社区政府需要加强日常的社区应急物资储备的管理、更新；另一方面，社区政府应正确引导社区家庭做好物资储备，以备不时之需。

3. 加强社区应急物资储备是构建和谐社会的必然要求

从构建和谐社会的角度看，加强社区应急物资储备是一项防患于未然，为社会打造安全屏障的日常基础工程。随着社会转型和经济转轨，各类社会主体更加积极投入到公共事务的参与中，社区应急物资储备的主体也逐渐演变为政府、企业、非政府组织、家庭以及个人的积极参与过程，这些主体通过共同努力，克服灾害、共渡难关，共同构建和谐社会。

二、应急物资储备模式

应急物资储备模式主要包括社区应急物资储备、协议企业物资储备以及家庭应急物资储备这三种模式。

（一）社区应急物资储备

社区应急实物储备主要包括应急救援设施储备、基本生活物资储备库这两个方面。

1. 应急救援设施储备

灾害发生时，社区内的应急救援设施储备是开展应急救援工作必不可少的物质条件。为保证社区应急工作的有效实施，应制定相关应急救援实施的配备标准。在选择储备设施的时候，应根据功能性、实用性、安全性、耐用性以及客观条件进行配置。平时更是应该做好应急救援设施的摆放、保管工作，使设施装备处于良好的使用状态，一旦灾害降临立即就能投入使用。如上海市闵行区虹桥镇井亭苑社区根据《国家综合减灾“十一五”规划》以及首个“防灾减灾日”开展的“关注生命安全、加强防灾减灾”活动，结合本社区所在区域环境、灾害发生规律和社区居民的特点，综合部署应急救援设施以保证灾害发生时能立即投入使用，提高灾害应对的效率（具体分布如表 5–7 所示）。①

表 5– 7 虹桥镇井亭社区应急救援设施分布情况表

地点	灭火器		消防箱栓			备注
	数量	类型	消防箱数量	水带	枪头	
南会所（79）号	20×2	干粉	7	7	7	
北会所（28、29）号	20×2	干粉	7	7	7	
门卫（东大门）	1×4/1×4	干粉 / 二氧化碳	2	无	无	
门卫（北大门）	1×4/1×2	干粉 / 二氧化碳	2	2	2	消防员装备一套
A 地下车库（东）	4×2	干粉	5	5	5	
B 地下车库（西）	2×4/2×4	干粉 / 二氧化碳	4	4	4	
C 地下车库（北）	3×4	干粉	3	3	3	
D 地下车库（西 2）	4×4	干粉	3	3	3	
幼儿园（51、52）号	8×2	干粉	9	9	9	
小区楼道	160×2	干粉	1	无	无	
对讲机	2					
应急灯	16					
消防栓	10					
缓冲带	8					
凸面反光镜	5					
应急避险指示牌	13					

注：1. 灭火器 478 瓶，其中干粉灭火器 464 瓶，二氧化碳 14 瓶。

2. 水带 40 根。

3. 枪头 40 个。

① 资料来源于第四批“全国综合减灾示范社区”申报材料，民政部，2010 年。

上海市普陀区曹杨新村街道桂杨园社区消防有12个灭火点，主要分布于门卫、活动室、车库、高层居民楼等易发生火灾隐患的地点，并由专人负责检查与维护。在历次的防灾培训中，大部分居民已掌握灭火器的使用方法，能在还未造成严重灾害后果的第一时间进行灭火。另外，高层居民楼按防火要求，每层均配备内置消防设施。在小区三个重点场所居委会、门卫室、81号楼配备了三个民防应急箱。每个应急箱中配置了人员疏散指挥棒、危险区警戒带、指挥人员袖章、电喇叭、应急哨子、反光安全背心、充电电筒、过滤式防毒面具、应急救援绳、二氧化碳灭火器、太平斧、应急通用工具箱、折叠锹、撬棒、应急救护箱、绝缘鞋、绝缘手套、绝缘剪等18种应急器材，实施登记管理制度，定期检查，并派专人保管看护，人员做好交接工作，每次使用后，确保完好无损。民防应急箱使用方法及日常管理已经通过区里组织的《民防应急箱的构造、功能与使用管理》的培训，以此保证负责人员掌握。

2. 应急物资储备库

应急救灾中，物资固然重要，而对物资储存地点的恰当安排也是应急物资储备的重要内容。日本在应急救灾中，建立了一定量的物资储备仓库，仓库中储备了适量的物资，有效地保障了应急物资的供应。

根据社区应急物资储备库的性质和任务，应急物资储备库应主要满足以下三点选址要求：

（1）地址安全。社区应急储备仓库应建立在地势、工程地质及水文地质条件良好并且要与火源和易燃易爆的厂房、库房保持一定距离的地方。

（2）交通便捷。为确保应急物资运输的时效性，社区应急储备仓库尽量选择靠近社区交通干线，以缩短应急物资的运输时间，以最快的速度向灾害发生地供应物资。

（3）紧靠物源。灾害发生时对物资的需求量激增，此时若社区应急物资储备仓库紧靠物资生产地或者社区商店等地，就能有效避免物资供应短缺的现象。

应急物资储备库中的物资，根据物资用途，按照国家发改委公布的《应急物资分类及产品目录》可分为13类，即防护用品、生命救助、生命支持、救援运载、临时食宿、污染清理、动力燃料、工程设备、器材工具、照明设备、通信广播、交通运输和工程材料类，其中，每一类应急物资又包括很多具体内容。如江苏省苏州市相城经济开发区泰元社区在社区服务中心一楼的应急救灾物资储备室，储备了饮用水、米、饼干、方便面、被子等品种齐全的救灾物资。

（二）协议企业物资储备

为了有效地应对灾害事件，我国《突发事件应对法》第三十二条中规定："县级以上地方各级人民政府应当根据本地区的实际情况，与有关企业签订协议，保障应急救援物资、生活必需品和应急处置装备的生产、供给。"

社区内的协议企业实物储备主要是指社区相关部门与社区内企业签订储备合同，将一部分应急物资委托给企业储备管理，以保证灾害发生时物资有效供应的资源配置方式。

在社区自身公共储备尚不完善，但企业由于日常生产经营会储备一定量物资的情况下，社区可实行救灾物资储备社会化运作。利用企业储备的优势在于，一方面可降低应急物资储备的成本；另一方面也加快了储备物资的轮换速度，提高了应急物资的质量。尤其是对于易变质的生活类物资由协议企业进行储备是一种社区、企业双赢的储备模式。

但由于企业的性质是以营利为目的，在提供公共物品方面存在一定的私利性，其物资保障能力不及政府部门。因此，社区相关部门在与企业合作的同时要加强对企业的监管，以保证协议企业应急物资的数量和质量。

社区有关部门与协议企业签订的储备合同从性质上讲属于行政合同。因此，社区有关部门与保管单位除了应当遵守《合同法》中关于合同双方权利义务的一般性规定外，社区至少还拥有以下行政优益权：1. 有权了解企业的储备方案和保障制度；储备企业应定期上报储备品种的各类生产数据，一旦突发事件需要，企业应优先服从统一调配；2. 可以对储存的情况定期或者不定期进行检查监督；3. 企业若不按协议储备物资，给突发事件应对工作造成损失的，除承担民事责任外，社区有关部门将追究其行政责任、刑事责任①。

目前，越来越多的社区采用协议企业物资储备模式来优化社区应急物资储备。如浙江嵊州市剡湖街道城隍坊社区每年购置救灾衣被、食物、净水设备（药品）等救灾物资，确保按时、按质、按量提供救灾储备物资。在应急情况下，经批准采取直接与信誉度高的定点商家、厂家签订合同的形式，确保物资储备与补充工作快速高效进行。

---

① 张红：《我国应急物资储备制度的完善》，载于《中国行政管理》，2009 年第 3 期。

还有的社区设立专门部门保证协议物资的储备、调配。如上海市普陀区长风新村街道社会保障科，主要负责物资保障，协调应急救灾物资的调配使用；配合有关部门做好应急救灾物资的运输供应工作；保障受灾困难群众“吃、穿、住”等基本生活。同时，社保科会同相关部门联系救灾物资供货方，采购救灾帐篷、衣被、食品、饮用水和其他生存性救助所需物品，使救灾物资保持基本库存，遇到紧急情况可采取紧急采购和调拨。

上海市普陀区曹阳街道桂杨园居民区居委会在创建“平安社区”、“文明社区”、“和谐社区”等活动中，注重加强防灾减灾机制建设，在物资储备方面更是注重协议企业物资储备，分别与上海市曹杨第二中学、上海市曹杨第二中学附属学校、农工商超市（集团）有限公司第三十分店、上海联华永昌超市有限公司桂巷店等签订协议，以保证灾害时避难场所的使用、应急物资的供应。以下为社区与协议企业物资储备协议书，以供参考。

防灾减灾协议书①

甲方：上海市曹杨街道桂杨园居委会

乙方：上海联华永昌超市有限公司桂巷店

曹杨街道桂杨园居民区位于曹杨街道西北角，总面积11.7万平方米。现有常住居民2356户，常住人口5584人。其中，60岁以上老人1873人，6岁以下儿童67人，残疾人106人，精神病患者32人。本地区每年汛期，台风、暴雨常常突发。本小区建成已有20多年，房屋及基础设施老化，近年来装修造成房屋结构不同程度损害，可能导致建筑物倒塌。有些居民消防意识淡薄，不注意用电、用火安全，产生潜在火灾隐患。为了建立健全基层单位防灾减灾人员疏散防护应急机制，适应本区域人员应急防护需要，提高桂杨园居委会人员疏散防护应急能力，保障公众安全，维护社会稳定，经桂杨园居委会和联华永昌超市桂巷店友好协商，双方同意达成以下协议。

一、本小区一旦发生台风、暴雨、火灾、地震等自然灾害，甲方同意为乙方提供紧急避难场所。

二、防灾减灾，重在预防。甲方同意不定期为乙方培训防灾减灾应急志愿

① 资料来源于第四批“全国综合减灾示范社区”申报材料，民政部，2010年。

者人员。

三、本小区一旦发生台风、暴雨、火灾、地震等自然灾害，乙方同意为甲方提供御寒棉被100条、衣物100套、食品200份、矿泉水200瓶等应急物品，以帮助受灾群众暂渡难关。

四、本协议从签订之日起生效。

五、本协议一式两份，甲乙双方各一份。

甲方盖章：　　　　　　　　　　　　乙方盖章：

年　　月　　日

（三）家庭应急物资储备

家庭是社会的基本单位，在灾害中既是直接受到影响、亟须援助的群体，更是抗击灾害、自救互救的顽强力量。在媒体反复宣传“生命的奇迹”背后，提升家庭应急能力、有效应对灾害变得举足轻重，而建立家庭应急物资储备是提升家庭应急能力最重要的措施之一[①]。

社区家庭应急物资储备的来源主要有以下三种：1. 制定和完善相关法律法规，要求社区内所有家庭建立应急物资储备，同时社区给予适当补贴；2. 社区直接购买应急物资，把所需的物资发放到家庭；3. 加强防灾减灾的相关宣传，鼓励家庭自行建立应急物资储备。

社区家庭应急物资储备的种类主要包括：食品储备、防护储备（如帐篷、睡袋、衣物以及自卫用的工具等）、医药储备、求救储备（如手电筒之类的照明工具以及手机、电话之类的通信工具等）。经验表明，每个家庭都非常有必要准备一个家庭防灾应急包。救灾物品齐全的防灾应急包，可以在第一时间满足比如地震等突发自然灾害的自救需要，以达到最大限度延长存活时间，从而为获得救援争取时间。美国加利福尼亚州的地震局专门颁发了一本《地震准备手册》，特别强调了应急箱的重要性；而在日本这个地震高发国家，每个大公司内，员工桌下都有免费配置的防灾应急包。[②]

① 顾九洲、徐东：《对建立家庭应急物资储备的思考》，载于《物流技术与应用》，2012年第4期。

② 高爱玲：《家庭防灾应急箱》，载于《现代职业安全》，2010年第1期。

为加强家庭与社区的应急物资储备的有机结合，最大限度保障突发事件、自然灾害时的救灾需要。2011 年 12 月，北京市发布《关于进一步加强全市应急物资保障能力建设的意见》，鼓励居民根据“家庭应急物资储备建议清单”进行应急物资储备。为合理引导家庭应急物资储备，由北京市民政局牵头，相关部门配合，结合“综合防灾减灾示范社区”、“平安社区”、“安全社区”、“地震安全示范社区”等社区建设，研究制定并向社会公布了居民家庭应急物资储备建议清单。居民可以对照清单进行物资储备。各相关部门通过开展科普宣传、培训演练、发放应急包等形式，鼓励引导居民家庭进行应急物资储备[①]。

三、社区应急储备物资的维护、管理

社区应急物资储备不仅仅包括应急救援设施、应急物资储备库的储备工作，也要求注重日常社区应急物资的更新及管理工作。只有加强应急物资的更新及管理才能在灾害中井然有序地调配资源，才能进一步提高应急物资在灾害中的紧急援助功能。

（一）应急救援设施维护

上海市杨浦区殷行街道工农三村第二居民区为加强应急物资的建设，整合社区与辖区内企事业单位现有救灾储备物资和储备库的规划，分级、分类管理救灾物资储备。社区内配置了对讲机、救生衣、麻袋、救生帐篷、安全帽、手电筒、灭火器、应急灯等救灾必备物资。每年都会对有使用期限的储备物资进行更新，使突发灾害事件的救助有充分的物质保障。此外，该社区除认真准备上述物资外，在日常工作中，还十分关注社区消防、安全、救生设施的配置。针对小区临街商铺中外来人员居多的情况，加强对屋内乱拉电线和消防灭火器配置情况的检查；考虑到社区中老年人比例高，在老年活动室安装了无障碍设施，并在台阶处张贴防滑提示；定期检查民防应急箱内的各项物品，妥善保管维护。

同时，社区根据《上海市民防办公室关于进一步做好本市社区民众安全防护应急箱配置管理工作的通知》（沪民防【2009】33 号）的精神，为规范民防应急箱的管理使用，确保应急器材始终处于良好状态，真正做到满足社区群众

① 童曙泉：《家庭应急物资储备清单将公布》，载于《北京日报》，2011 年 12 月 16 日。

应急处置突发事故的需要，特制定了如下民防应急箱使用规定：

1. 民防应急箱日常管理工作由各街道（镇）武装部负责，实行“一箱一卡”制度，建立民防应急箱档案。居委会和小区物业共同管理，负责应急箱保管、使用。

2. 民防应急箱实施定人保管，每个社区要指定专人负责管理，人员变动应做好交接工作。定期检查应急箱内所有器材，确保应急器材始终处于良好状态。

3. 民防应急箱实行定位放置。应放置在居民较集中、便于使用、便于保管和防盗设施完好、安全的位置，如居委会或有人看管的居住小区门卫值班室等，防止丢失、损坏。民防应急箱存放地点要通风干燥，防止受潮、雨淋日晒。

4. 民防应急箱实行定期保养。各使用单位每季度对应急箱保养维护一次，防毒面具、灭火器、药品等器材应按规定时间更新，认真做好台账。严禁挪作他用，每次使用完毕后应及时补充、保养、归位。

5. 各街道（镇）武装部每年组织一次对应急箱保养、使用情况的全面检查工作，发现问题要立即进行整改。

6. 民防应急箱相关器材维护保养及药品更换所需费用，列入各街道（镇）年度经费预算。

7. 民防应急箱因拆迁等原因需要移位的，应及时做好定位管理工作，并上报区民防办公室备案。

不仅民防箱的使用应制定相关使用标准，其他应急物资的使用也应制定相关的管理和维护标准，以保证设施的正常使用。

（二）应急物资储备库管理

一个良好的社区应急物资储备库除了要满足之前所要求的选址条件外，更应该建立相关的规章及制度以保证其在灾害发生时高效运作，具体要求如下：

1. 整合社区各部门现有救灾储备物资和储备库规划，进行分级、分类管理，逐步形成应急处置装备、能源物资、救灾物资、生活必需品、医药物资为主体的应急物资储备体系。

2. 根据应急物资存储时效性、质量情况和供求预测状况，制定储备物资更新计划和相关工作程序，充分利用市场机制及其他非营利组织力量，实现物资轮换和更新。

3. 建立健全救灾物资应急采购、紧急调拨和运输制度，健全应急储备仓库管理制度，做到专人负责，严格把关，对进出库物资都要登记造册，定期检查，并做好耐用物资的回收保养工作。社区的物资储备和调运方式应编制成表，已备灾时之需。[①]

浙江省嵊州市剡湖街道城隍坊社区为其应急储备物资制定了严格的维护管理制度，具体如下：

1. 采购：每年购置救灾衣被、食物、净水设备（药品）等救灾物资。确保按时、按质、按量提供救灾储备物资。在应急情况下，经批准可采取直接与信誉度高的定点商家、厂家签订合同的形式，确保物资储备与补充工作快速高效。

2. 回收和入库：整合社区与辖区内企事业单位现有救灾储备物资和储备库规划，分级、分类管理救灾物资储备，逐一做好清点、验收、分类、入册和摆放整齐等工作，杜绝假冒伪劣物资流入储备环节。

3. 出库：明确物资出库必须凭民政部门统一制发的调拨单，仓库管理人员依据调拨单核发救灾物资，并妥善保管单据，以便对账。

4. 巡查：定期和不定期组织对全省救灾储备库的管理情况进行巡查，及时发现问题并整改落实，不断总结提高。

5. 物资调拨预警机制：每年汛期期间，储备库即进入物资调拨预警状态，加强应急值班、检查应急物资、保持与交通运输部门密切联系，做好紧急调拨物资的各项准备工作，确保一旦灾害发生，救灾物资能够迅速调拨、准时起运。

6. 紧急调拨、快速运输机制：浙江省救灾应急预案中明确规定，各级要建立健全物资紧急调拨和快速运输机制。即灾害发生时上级灾害救助应急指挥部可调用下级救灾储备物资，并在调用后给予补充或给予经费补助。交通运输、铁路、民航部门开辟救灾物资运输绿色通道，保障救灾物资以最快的速度运往灾害现场。

同时，一个应急物资储备库管理的成败直接与储备库管理员休戚相关，因此制定明确的储备库管理员制度势在必行。图 5–5 为浙江省宁波市北仑区新碶街道牡丹社区应急仓库保管员的管理制度，以供参考。

---

① 吕芳：《社区减灾：理论与实践》，北京：中国社会出版社 2011 年版，第 125 页。

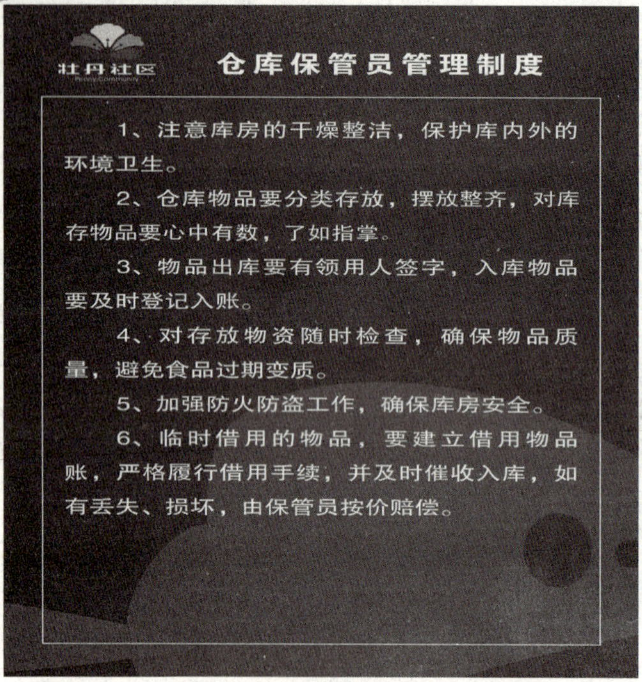

图 5–5　新碶街道牡丹社区应急仓库保管员的管理制度

小　结

社区作为整个社会的基本单元在进行灾害管理中发挥着无可替代的作用，而运用先进的社区灾害管理技术能在一定程度上提高灾害管理的效率，达到预期效果，减少人员伤亡及财产损失。

虽然全国各个社区在灾害管理中运用的技术各有不同，但主要包括：社区灾害避难场所规划以及疏散路线规划；电视、广播，电话、短信，报纸、网络，社区电子显示屏等社区灾害预警发布和报灾手段的采用；社区应急物资储备及物资的维护、管理等。其中，避难场所和疏散路线的规划技术，侧重于选址与线路设计，对于这些操作，国内外都有着相应的原则和标准。对于各个社区而言，应当依据相关标准并结合本社区的特点，因地制宜地进行选择与设计。电视、广播，电话、短信，报纸、网络，社区电子显示屏是当今最为主要的传播工具。这四大类工具各有利弊，它们在预警和报灾过程中的选取，受到社区地理位置和灾害发生情况等因素的影响。随着科技的发展，预警和报灾的途径出现了多样性、综合性的趋势。多种传播方式相互结合，在灾害发生的不同阶段发挥各自的作用。最后是社区应急物资储备技术。本章节中的物资储备按时间顺序，主要讲了两个方面，一是物资的来源即物资储备模式，二是物资储备的管理。因为多元主体参与到社区灾害管理中来，物资储备的来源开始丰富化，产生了社区应急物资储备、协议企业物资储备和家庭应急物资储备三种主要模式。在确保了应急物资储备的来源后，管理问题也不容忽视。物资储备的管理主要是救援设施和储备库的维护与更新。在日常的维护工作中，主要是需要遵循一定的技术标准和行为规范。

众多的实践经验告诉我们，技术上的一些小改变，能使救灾工作发挥事半功倍的作用。因此，在运用灾害管理技术时应坚持因地制宜、与时俱进的理念，不断更新探索适合本社区的灾害管理技术，提升社区应对灾害的能力，成为真正意义上的安全社区。

参考文献

一、著作类

［1］侯岩主编:《中国城市社区服务休系建设研究报告》，北京：中国经济出版社，2009 年版。

［2］吕芳:《社区减灾：理论与实践》，北京：中国社会出版社，2011 年版。

［3］王宏伟:《应急管理导论》，北京：中国人民大学出版社，2011 年版。

［4］王宏伟:《重大突发事件经济机制研究》，北京：中国人民大学出版社，2010 年版。

［5］金磊:《灾后重建论：四川汶川“5·12”综合减灾重建策略研究》，北京：中国建筑工业出版社，2008 年版。

［6］丁石孙:《灾害管理与平安社区建设》，北京：群言出版社，2007 年版。

［7］杨桂英、杜文:《社区家庭公共安全管理研究》，北京：化学工业出版社，2006 年版。

［8］蒋树声主编:《灾害管理与构建和谐社会》，北京：群言出版社，2008 年版。

［9］唐忠新:《构建和谐社区》，北京：中国社会出版社，2006 年版。

［10］孔令栋、马奔主编:《突发应急公共事件管理》，济南：山东大学出版社，2011 年版。

［11］姜平:《突发事件应急管理》，北京：国家行政学院出版社，2011 年版。

［12］陈安、马建华、李季梅等:《现代应急管理应用与实践》，北京：科学出版社，2010 年版。

［13］〔日〕柏原士郎、上野淳、森田孝夫:《阪神·淡路大震災における避難所の研究》，大阪：大阪大学出版社，1988 年版。

二、论文类

［1］陈新辉、任龙强:《北京城市社区灾害管理模式的探索性研究》，载《科技与管理》，2007 年第 2 期。

［2］刘岩:《城市社区组的自主性缺失与内源性发展》，载《社会科学战线》，2009 年第 2 期。

［3］冯英、赵耀:《社区组织在减灾社区建设中的作用》，载《中国减灾》，2007 年第 7 期。

［4］黄煌、王玉海、潘谊、孙燕娜:《社区综合减灾防灾管理公共合作的经验与启示——民政部与亚洲基金会灾害管理合作项目的尝试》，载《城市减灾》，2010 年第 3 期。

［5］张晓磊:《关注社区减灾志愿者队伍建设》，载《中国减灾》，2010 年第 21 期。

［6］关贤军、陈海艺、尤建新:《城市社区防灾减灾工作机制研究》，载《中国安全科学学报》，2008 年第 11 期。

［7］何海兵:《我国城市基层社会管理体制的变迁：从单位制、街居制到社区制》，载《管理世界》，第 2003 年第 6 期。

［8］陈家喜:《政府在社区建设中的作用》，载《中国城市经济》，2008 年第 2 期。

［9］吕芳:《社区公共服务中的"吸纳式供给"与"合作式供给"——以社区减灾为例》，载《中国行政管理》，2011 年第 8 期。

［10］田凯:《组织外形化：非协调约束下的组织运作——一个研究中国慈善组织与政府关系的理论框架》，载《社会学研究》，2004 年第 4 期。

［11］陈徐东:《社区防灾减灾保障机制的创新》，载《城市与减灾》，2010 年第 6 期。

［12］张春华:《减灾救灾产业链上企业不可或缺——灾害管理是企业履行社会责任的重要方面》，载《WTO 经济导刊》，2009 年第 1 期。

［13］黄煌、王玉海、潘谊:《综合减灾防灾管理公共合作的机制与途径探索——民政部与亚洲基金会灾害管理合作项目的尝试》，国家综合防灾减灾与可持续发展论坛，2010。

[14] 朱军:《我国救灾资金管理现状透视》，载《中国减灾》，2005 年第 4 期。

[15] 国家减灾委办公室:《“全国综合减灾示范社区”创建优秀经验选编》，2010 年第 12 期。

[16] 汪万福、齐芳:《社区防灾减灾能力培育》，载《中国减灾》，2011 年第 8 期。

[17] 赵飞:《浅议社区灾害应急救助预案的编制》，载《中国减灾》，2011 年第 10 期。

[18] 国务院新闻办公室:《中国的减灾行动》白皮书，载中华人民共和国中央人民政府网，2009 年第 5 期。

[19] 阎国云:《注重安全社区建设中的信息链管理》，载《中国职业安全健康协会 2008 年学术年会论文集》，2008 年第 12 期。

[20] 迟阿鲁:《“安全社区”监测系统的建设》，载《城市与减灾》，2008 年第 2 期。

[21] 吴静、郝刚、姬慧:《浅谈日本应急避难场所在破坏性地震下的作用》，载《太原大学学报》，2011 年第 46 期。

[22] 彭锐、刘皆谊:《日本避难场所规划及其启示》，载《新建筑》，2009 年第 2 期。

[23] 宋友余、邹力:《国内外应急避难场所现状》，载《城市安全》，2011 年第 7 期。

[24] 李晓波:《山区农村广播电视“村村通”跨越发展的实践与思考》，载《广播电视信息》，2011 年第 3 期。

[25] 李娜、陈静、贾子冰:《小区广播在气象灾害预警信息发布中的应用》，载《第 26 届中国气象学会年会论文集》，2009 年。

[26] 崔秋丽:《我国报纸突发公共卫生事件报道特点与研究》，河南大学，2009。

[27] 蓝常周、周超、张毅:《广西城市突发事件应急管理现状调查与分析》，载《广西城镇建设》，2007 年第 3 期。

[28] 顾九洲、徐东:《对建立家庭应急物资储备的思考》，载《物流技术与应用》，2012 年第 4 期。

[29] 高爱玲:《家庭防灾应急箱》，载《现代职业安全》，2010年第1期。

[30] 史亮:《北京市地震应急避难场所规划研究》，载《北京规划建设》，2008年第4期。

[31] 朱力、谭贤楚:《中国救灾的社会动员机制》，载童星、张海波主编《灾害与公共管理：第四届两岸三地人文社科论坛论文集》，南京大学出版社，2010年版。

[32] 史培军、郭卫平、李宝俊、郭璟、叶涛、王瑛、刘婧:《减灾与可持续发展模式——从第二次世界减灾大会看中国减灾战略的调整》，载《自然灾害学报》，2005年第3期。

[33] 中国国际减灾十年委员会:《中国国际减灾十年报告——行动与展望》，载《中国减灾》，1999年第4期。

[34] 金磊:《中国安全社区建设模式与综合减灾规划研究》，载《城市安全规划》，2006年第30期。

[35] 钟开斌:《"一案三制"：中国应急管理体系建设的基本框架》，载《南京社会科学》，2009年第11期。

[36] 吕芳:《当前中国农村的减灾政策概述》，载《中国减灾》，2009年第10期。

[37] 张晓宁:《中国的社区减灾政策》，载《中国减灾》，2010年第3期。

三、文件

[1]《国家综合减灾"十一五"规划》，2007年。

[2] 2007年6月10日兰政办发【2007】82号文件《兰州市人民政府办公厅关于转发兰州市地震应急避险场所建设方案的通知》。

[3]《北京中心城地震及应急避难场（室外）规划纲要》(2008年8月)。

[4]《国家综合减灾"十二五"规划》，2011年。

四、网站

[1] 中华人民共和国民政部：

http://www.mca.gov.cn/article/zwgk/tzl/201112/20111200024819.shtml

[2] 北京市朝阳区政府官方网站：

http://www.bjchy.gov.cn/dynamic/dynamicwork/8a24fe833368f2ab0133a0977b030294.html

[3] 阿坝州政府应急管理办公室：

http://www.abazhou.gov.cn/yjgl/yjfw/qjdh/

[4] 联合国新闻网：

http://www.cn.org/chinese.News/story.asp?NewsID=19442